航空管制
知られざる最前線

Towerman
タワーマン

KAWADE夢新書

羽田空港航空機衝突事故。何が問題だったのか◉はじめに

◉世界中に衝撃を与えた大事故

２０２４（令和６）年1月2日、羽田空港の滑走路上で発生した航空機衝突事故は、滑走路上で機体が燃え上がる鮮明な映像とともに、国内外に大きな衝撃を与えました。

17時47分頃、着陸直後の日本航空５１６便（乗客３６７人・乗員12人）と、離陸のため待機していた海上保安庁機（乗員６人）が滑走路上で衝突。機体は衝突後に激しい火災を起こしました。

日本航空機は乗務員らの誘導により、短時間で搭乗していた全員が機体から脱出（14人が軽傷）しましたが、海上保安庁機は搭乗していた6人のうち、５人が亡くなるという大事故でした。

航空機２機が滑走路上で衝突する事故については、濃霧（のうむ）のなかで大型旅客機２機が衝突し、史上最大の死者数を出した「テネリフェ空港ジャンボ機衝突事故〈１９７７〈昭和52〉年3月、スペイン〉」、夜間の空港で離陸待ちのために停止していた機に到着機が追突した「ロ

サンゼルス国際空港地上衝突事故〈1991〈平成3〉年2月、アメリカ〉」などが広く知られています。

　近年における滑走路上の衝突事故としては、テネリフェの悲劇と同じく、濃霧のなかでセスナ機が滑走路に誤進入し、離陸滑走する旅客機と衝突した「リナーテ空港衝突事故〈2001〈平成13〉年10月、イタリア〉」以来の事故といえます。

◉交信記録から、読みとけることとは

　国土交通省が公表した交信記録によれば、出発機〈海上保安庁機〉のパイロットに対し、航空管制官から滑走路への進入指示や離陸許可は発出（はっしゅつ）されておらず、パイロットも「滑走路手前停止位置に地上走行する」と復唱していることから、何らかの誤解、誤認があったために滑走路に誤（あやま）って入ってしまったことが考えられます。

　出発を急いでいたこと、到着機〈日本航空機〉を認識していなかったこと、夜間の視認性の悪さ、停止線灯の不使用など、事故の引き金の1つとなった原因について、さまざまな説が飛び交（か）っていますが、管制塔で何度も危険と対峙（たいじ）した経験から、表面的な情報だけで答えが出せるほど単純ではないと私は確信しています。

まず、交信記録から見える事実として、管制官は事故の当事者となった到着機から最初に呼びこみ（リクエスト）があった際に、着陸許可を出さなかったということがあります。

当該機の前を飛行する先行機がいない場合や、到着する前に離陸する予定の出発機が滑走路周辺にいない場合には、管制官は通常、最初に到着機から呼びこみがあった時点で着陸許可を発出します。

しかし、交信記録では、最初に到着機から呼びこみがあった時点では、管制官は着陸許可を「保留」とし、その約1分50秒後に着陸許可を出しています。このことから、最初の交信時点では何らかの関連する機がいたために、管制官は着陸許可の判断を先延ばしにしたということがいえます。

次に重要な事実として、出発機が滑走路に入ってから衝突まで約40秒、滑走路上で停止していたということです。

直角に滑走路と交差する誘導路から滑走路停止線を越えて滑走路に入り、機首を出発方向に曲げつつ離陸開始点に到達するまでの時間を15秒と仮定すれば、出発機が滑走路に誤進入する直前の時点で、到着機は時間にして約55秒、距離にして約4キロメートル離れた位置を通過中だったことになります。

羽田空港航空機衝突事故の現場見取り図

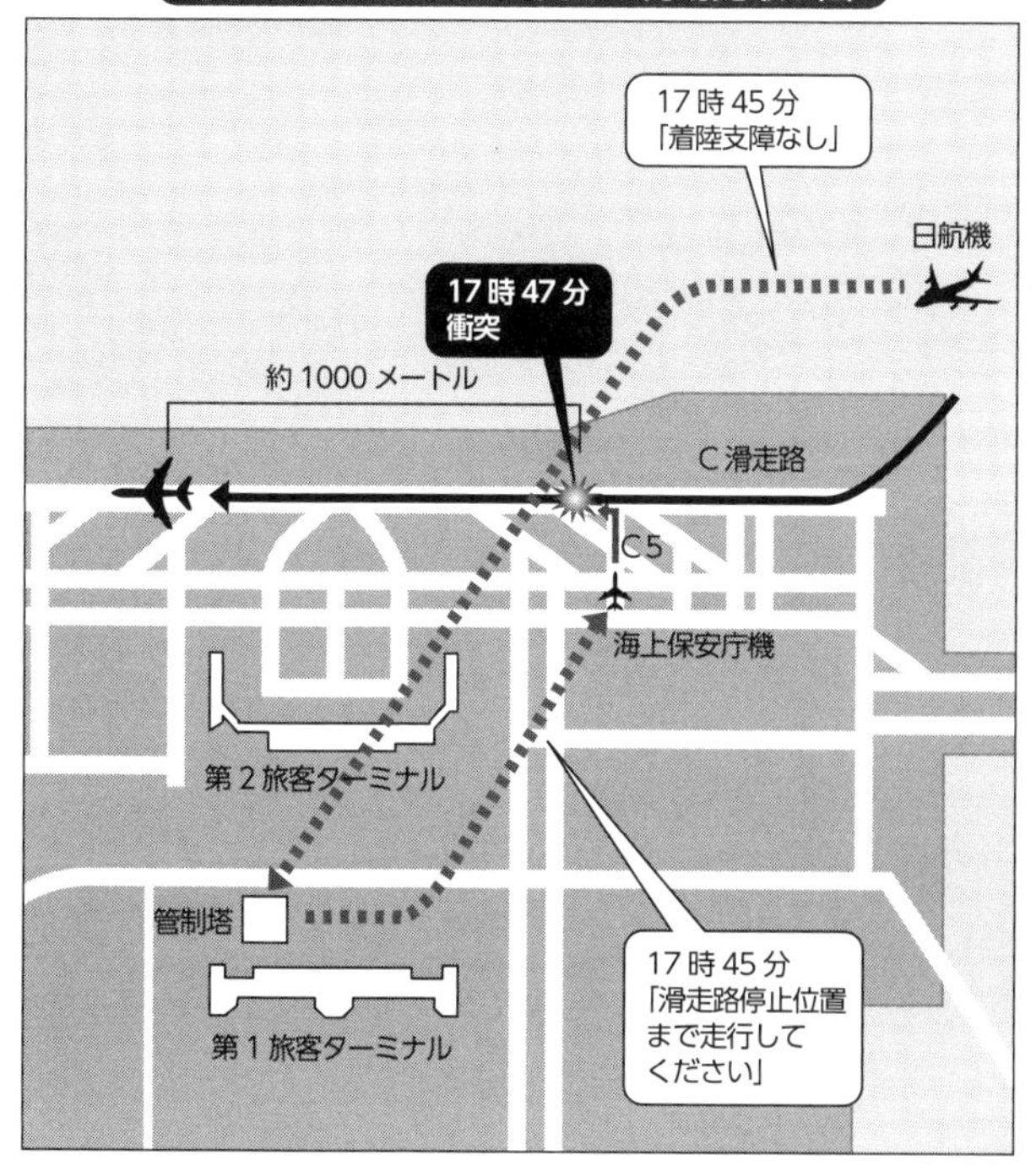

出発機は、滑走路の末端（まったん）ではない途中の誘導路から滑走路に入って離陸する予定でした。パイロットほか数名の乗員による近距離国内便だと、約1分あれば離陸滑走を開始し、機体は路面を離れることが予想されます。

なお、航空管制の滑走路における安全間隔についてのルールでは、出発機が離陸し、地面を離れた時点で、到着機は滑走路に接地することが可能となります。

◉当事者は管制官とパイロットだけではない

事故の直接の当事者として管制官、出発機のパイロット、到着機のパイロットの3者が挙げられますが、羽田空港で起きたような衝突事故を未然に防ぐ観点でいえば、ほかにも関係者がいたといえます。

まず、航空交通の仕組みや航空管制サービスを提供する環境そのものを構築、維持してきた組織。さらには、滑走路を目前にし、同じ周波数帯にいた航空機のパイロットは、滑走路上に航空機がいるにもかかわらず着陸動作を続けている到着機の違和感を管制官に伝えることもできました。とはいっても、やや無理のある話ではありますが……。

実際、「到着機のタイヤから煙が出ている」などの異常が、ほかの機のパイロットからの管制官への通報で発覚することはあります。

滑走路への誤進入事案は地方空港の閑散(かんさん)時間帯でも、定期便の旅客機でも、滑走路の安全点検を行なう車両でも、英語を母国語とする海外空港でも、ありとあらゆる場面で起きています。

この件に関する考察で、「過密空港だから起きたのだ」「海上保安庁機は羽田を使用すべきでない」「日本人同士で英語を使うのが悪い」などの意見もあります。しかし、今回の事象のなかの、目に見えるわかりやすい部分だけを見て対策を打つことは、その場しのぎ以外の何物でもないと考えます。

なぜなら、対策が今回の事故に偏(かたよ)りすぎてしまうことで、また別の死角が生じる可能性があるからです。全体的な安全性の底上げになる対策でなければ、今度は違ったかたちで事故が起きるだけです。

無線によるやりとりがアナログであることや、ＡＩ（人工知能）管制の必要性を否定するつもりはありませんが、まだ当分のあいだは、人間が管制を担(にな)う時代が続くと想定されます。状況が緊迫するほど、人は声でのやりとりを求めるものです。

本書では、個人の責任、個別事象に意識が引っ張られることなく、真に意味のある安全対策の検討につながる一助(いちじょ)となるよう、一般の方々にはあまり知られていない「航空管制の世界」をお伝えします。

空の安全は、人と人のコミュニケーションにより、今日も支えられています。本書を通じて、多くの方が航空管制の世界に親しんでいただければ、筆者としてこれに勝(まさ)る喜びはありません。

タワーマン

1章 安全な運航に欠かせない航空管制システムの全体

航空管制の始まりと発展の歴史 16
レーダーを補完する機能を持つ「トランスポンダ」 19
高精度の情報が得られる「ADS-B」と「マルチラテレーションシステム」 22
管制の流れ❶…多岐にわたる管制官の仕事 24
管制の流れ❷…大空港の発着スケジュールは超過密状態 29
管制の流れ❸…地上管制（誘導路・エプロン担当）の役割 30
管制の流れ❹…飛行場管制（滑走路担当）の役割 32
管制の流れ❺…いつ、どのタイミングで離陸させるか？ 34

管制の流れ❻…飛行機の遅延は悪天候だけが原因ではない 36
管制の流れ❼…レーダー管制（出域管制）の役割 37
管制の流れ❽…レーダー管制（進入管制）の役割 40
管制の流れ❾…到着機が殺到したとき、どんな指示を出す？ 43
管制の流れ❿…航空路管制の役割 46
管制の流れ⓫…航空路管制がルート変更を指示するケース 50
日本の空は「航空交通管理センター」で一括管理 55

2章 管制官とパイロット、緊迫の交信の実際

世界中の管制官が英語で交信を行なう理由 58
聞き間違いを防ぐ「フォネティックコード」とは 61
入り乱れた交信を見事に捌く、管制官の手腕 66
交信予定のない機が呼んできたら、どうする？ 70
交信中のパイロットが突然「消えて」しまうことも… 72
パイロットとの意思疎通を円滑にする、ちょっとしたコツ 75

パイロットから信頼される管制官、されない管制官 78
「パイロットが指示を欲しがるタイミング」を予測する 81
指示が遅れる場合は、その理由を明らかにする 84
相手の認識違いを防ぐ「復唱のテクニック」とは 85
相手の誤解を解きたいときに重要な考え方とは 86
「何もいわない」ことが事故を防ぐケースもある 88

3章 ルールと現実の狭間で最適解を出す

航空管制の「原則」は何によって定められている？ 92
マニュアルにない言葉は絶対に使ってはいけない？ 96
日本語を使って交信するケースはある？ 98
離陸は、どのような手順で許可される？ 100
着陸は、どのような手順で許可される？ 104
管制官による「着陸許可」が「指示」ではない理由 106
管制官がパイロットの要求を断るシチュエーションとは 108

規定に従っても、事故が起きては意味がない 110

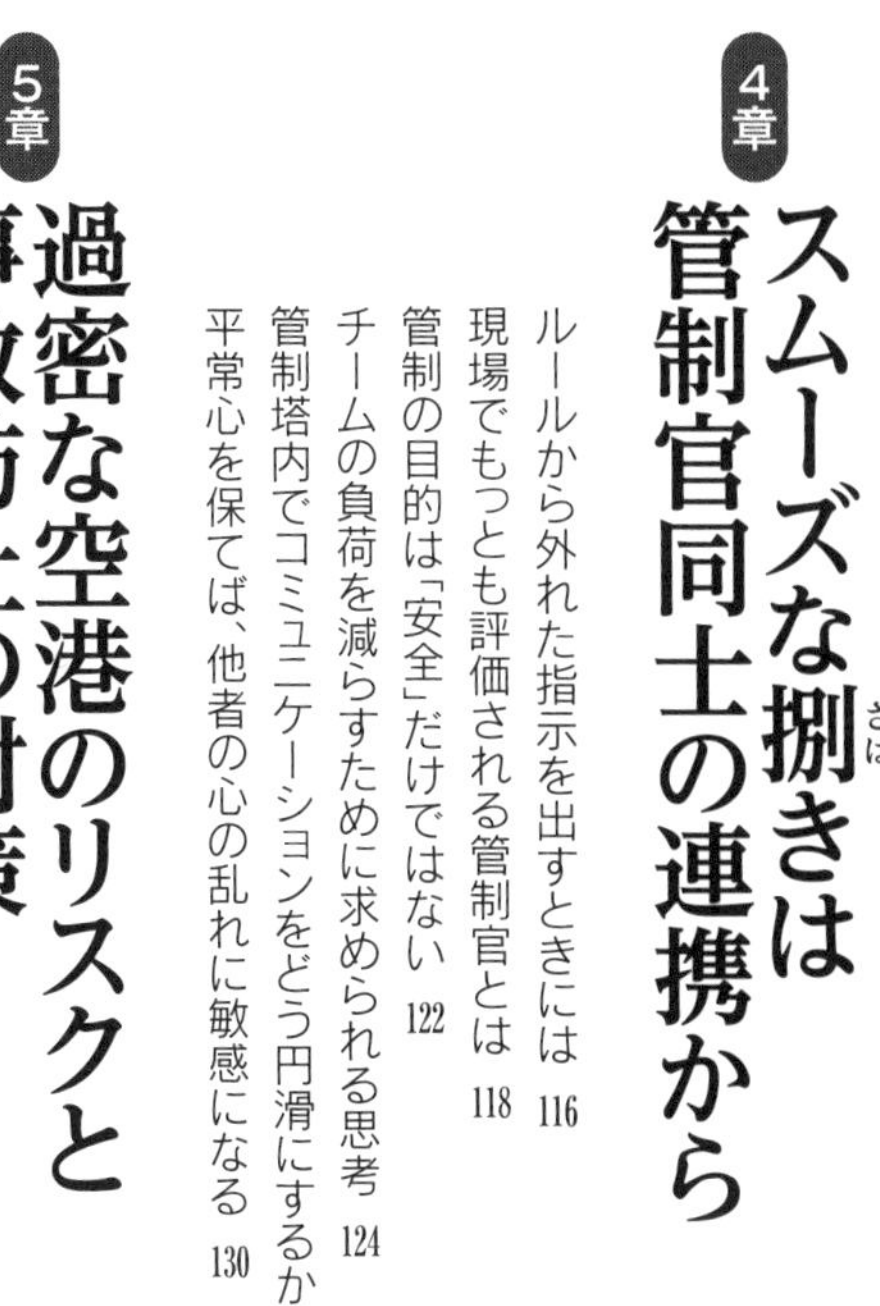

4章 スムーズな捌き（さば）は管制官同士の連携から

ルールから外れた指示を出すときには 116
現場でもっとも評価される管制官とは 118
管制の目的は「安全」だけではない 122
チームの負荷を減らすために求められる思考 124
管制塔内でコミュニケーションをどう円滑にするか 129
平常心を保てば、他者の心の乱れに敏感になる 130

5章 過密な空港のリスクと事故防止の対策

航空における「重大インシデント」とは 134

飛行機同士のニアミスとは、どんな状況のこと？　136
「ヒヤリハット」は、どのくらいの頻度で起きるか　139
「言い間違い」「聞き間違い」には、こんな心理が潜んでいる　143
ヒューマンエラーによる事故が起きやすい瞬間とは　144
濃霧のなかでの着陸をサポートするシステムとは　146
大地震が発生。管制官はどう対応するか　150
大雪に見舞われた空港のオペレーションは？　151
空港周辺で積乱雲が発達。管制に与える影響は？　153
バードストライクが発生したときの対応は？　155
ダイバートはどんな状況で、多く発生する？　157
管制官に求められる、リスクを低減する思考とは　159
管制官の仕事に「マルチタスク」はつきもの？　163
滑走路で事故発生！　そのとき管制官は何をする？　165

6章 管制官に求められる知識とスキル

管制官は、どんな身分で業務を行なっている？ 170
管制官になるには何を学ぶ必要がある？ 174
現場での訓練は「痛い思い」と「努力」のくり返し 177
パイロットの立場になって管制を学ぶ「搭乗訓練」 181
こんな人は管制官に向いていない❶…完璧主義の人 184
こんな人は管制官に向いていない❷…柔軟性がない人 186
こんな人は管制官に向いていない❸…1人で抱えこむ人 187
こんな人は管制官に向いていない❹…感情的になりやすい人 188
こんな人は管制官に向いていない❺…失敗を引きずる人 190
こんな人は管制官に向いていない❻…上下関係を重んじる人 192
こんな人が管制官に向いている❶…相手に「譲れる」人 194
こんな人が管制官に向いている❷…優先順位をつけられる人 197
こんな人が管制官に向いている❸…チームワークを高められる人 199
強固なチームづくりには、多様性こそが重要 200

7章 最新テクノロジーと航空管制の未来

業務が複雑化するなか、安全と効率をどう確保する？ 202
ＡＩが管制官の判断を代替する日は近い？ 204
空の混雑緩和の切り札「４次元の管制」とは 206
完璧なテクノロジーによる管制の制御は可能？ 209
管制業務を支援するシステムの現状と課題 211
「リモート管制」は理想のシステムになり得るか？ 213
運航の安全を保つ「滑走路衝突回避システム」とは 215

航空無線用語一覧 219

装幀◉こやまたかこ
図版作成◉原田弘和
協力◉岡本象太

1章

安全な運航に欠かせない航空管制システムの全体

航空管制の始まりと発展の歴史

そもそも鉄道や自動車に〝管制官〟はいないのに、航空交通にはなぜ、管制が必要なのか——そのことを理解するために、まずは、航空交通の歴史を振り返ってみましょう。

航空交通の歴史は、1903（明治36）年、ライト兄弟が初めて動力飛行に成功したとき（グスターヴという人物が、ライト兄弟よりも先に初飛行を行なっていたという説もあります）から始まります。当時の空は、誰もが自由に飛ぶことができる、文字通り「開かれた、広々とした空間」でした。

その頃のパイロットは、自分の好きなときに、好きなルートを飛んで、好きなところに着陸するのが当たり前。滑走路もない草原の真ん中から悠々（ゆうゆう）と離陸し、思いのままに飛行していました。そんな時代ですから、航空管制を行なう必要もなかったのです。

しかし、飛行機の数が増えてくるにつれて、空はかならずしも安全な場所ではなくなります。

動力飛行による史上初の死亡事故が発生したのは、ライト兄弟の初飛行から約5年後、

1908（明治41）年のことでした。ライト兄弟の弟であるオーヴィル・ライトが操縦する飛行機がデモンストレーション飛行中に墜落、同乗者が亡くなっています。

1912（大正元）年には、空中衝突による最初の死亡事故が起きます。フランスのドゥエーで発生し、双方（そうほう）のパイロットが死亡しました。

1922（大正11）年、パリ北方で民間旅客機2機が空中衝突。両機の乗員乗客7人が死亡する事故が起こりました。こちらは、史上初の民間旅客機事故といわれています。

このように、事故の件数が増えたこと、その規模も大きくなってきたことで、〝空の交通〟を何らかの方法で管理しなければ、という意識が高まりました。航空管制の概念がここで誕生します。

史上初めての管制官は、アメリカのミズーリ州に住んでいたアーチー・リーグという人物でした。当時、離着陸に使われていた牧草地の真ん中に椅子とテーブルを置き、2本の旗を持って待機。着陸が可能な状態であれば、降りてくる飛行機に向かってチェッカーフラッグを振って知らせました。現在でいう「着陸許可」です。

もしも、「滑走路の状態が悪い」「ほかの飛行機が近づいている」などの理由で着陸は無理だと判断すれば、赤い旗を振ってパイロットに知らせました。ゴーアラウンド（着陸復（ふっ）

行（こう）の指示です。

このアーチー・リーグという男、どんな人物だったのか。当時の記事などを見てみると、ユーモアがあり、周囲の人々からも好感度が高く、インタビューの返しも絶妙で、なかなかコミュニケーション能力が高かったことがわかります。つまり、6章で後述する「航空管制官にとって必要な素養」は初期から変わらない、というのが面白いところです。

管制のための施設ができたのが、1930（昭和5）年。アメリカ・オハイオ州のクリーブランド空港に、飛行場灯火（とうか）と航空無線を備えた世界初の管制室が誕生します。管制室といっても、現在の羽田や成田にあるような管制塔はなく、事務所の一室に無線機などの機材を備えただけの簡単なものでした。

管制室の整備と並行して、〝空の道〟の整備も進みます。アメリカ全土に点在する郵便局の屋根にビーコンライト（標識灯）を設置しました。

当時の飛行機は、現在のように雲の上を何百キロメートルも飛ぶようなことはありません。せいぜい数十キロ、周辺の地理も十分につかめる範囲でした。パイロットはビーコンライトを目印にしながら、どの郵便局のあたりを飛んでいるのかを把握（はあく）したのでしょう。これが、のちほど説明する「航空路」の始まりです。

その後、時代を経るに従って、航空機の運航に必要なＮＤＢ（Non Directional Radio Beacon：無指向性無線標識）、ＶＯＲ（VHF Omnidirectional Radio Range：超短波全方向式無線標識施設）、ＤＭＥ（Distance Measuring Equipment：距離情報提供装置）などの航空保安無線施設や航空管制に必要な無線通信施設、航空機の運航の監視に必要なレーダーが、順次整備されていきました。

１９９０年代には、ＧＰＳ（Global Positioning System：全地球測位システム）が導入され、パイロットは人工衛星を利用してみずからの位置情報を得られるようになりました。カーナビのように、コクピットのディスプレイに位置情報が表示されるので、パイロットは目視で目標物を捉えつつ、同時にＧＰＳ画面を確認することで、より正確に自分の位置を知ることができるようになったのです。ビーコンライトや無線のみに頼っていた時代からすれば、格段の進歩でした。

レーダーを補完する機能を持つ「トランスポンダ」

１９７０年代、ジャンボジェット機が登場するようになると、一般の人々も気軽に空の旅を楽しむようになりました。

この頃から、管制で活躍しているのがレーダーです。ＲＤＰ（Radar Data Processing system：航空路レーダー情報処理システム）と呼ばれるシステムが日本で導入されたきっかけは、１９７１（昭和46）年に起きた大事故でした。この年の7月30日、岩手県雫石（しずくいし）上空において、全日空機と航空自衛隊機が空中衝突し、全日空機の乗員乗客１６２人が亡くなった事故です。

この事故の原因調査において、「レーダーや航法援助施設などの管制システムの近代的機器の設置、更新が遅れている」と指摘されたことから、日本の航空路管制の近代化が図られることになります。

その結果、日本上空を飛行するすべての航空機に対してレーダーによる管制を実施することとなり、全国に点在しているレーダーサイトからの情報を収集し、管制官へ提示するＲＤＰシステムの整備が進められることになりました。このシステムは、１９７６（昭和51）年3月に羽田に導入され、その後、全国の空港に展開されます。

「レーダー」と聞いて、多くの人がイメージするのは、昔の映画などに登場する「薄暗い部屋の室内で、画面内に緑色の円があり、その円のなかを光の線がくるくる回っている」

というものでしょう。たしかに、そのような時代もかつてはありました。

しかし、私が管制官になった頃には、もう暗いレーダー室はありませんでした。通常のディスプレイに航空機の位置や情報が表示されている――現在のTVゲームやパソコンの画面と同じです。

レーダーの原理は、みずから電波を発し、対象物に当たった反射波を捉えることで、対象物の距離と方位を測定するというものです。しかし、航空管制に使用する限り、1つの落とし穴がありました。それは「直上の誤認」です。直上にある対象物の位置捕捉を苦手とするのです。

レーダーは、対象物との直線距離を正確に測定することができます。レーダーから十分に離れた距離に対象物がいれば誤差は少ないのですが、対象物が近くにいる場合、高度＝水平距離と勘違いしてしまうのです。

つまり、空港上空を高度1万メートル（10キロメートル）で飛行しているとき、レーダーは飛行物体からの反射距離を取得し、「水平距離で10キロメートルの位置にいる」と示すわけです。なお、レーダーの真上は電波の覆域（レーダーがカバーする範囲）から外れます。

この〝落とし穴〟を補完する機能を持つのが「トランスポンダ」という装置です。レーダーからの電波を、航空機に搭載したトランスポンダがキャッチすると、便名や高度などを付加した応答電波を返すという仕組みになっています。

それまでのレーダーが〝片想い〟で、管制側が一方的に飛行中の航空機のデータを集めていたのに対し、トランスポンダは〝両想い〟。相手がこちらの電波に応えてくれるようになったわけです。

おかげで、上空を飛んでいる飛行機でも、より正確な情報を得ることができるようになりました。管制官が管理する空域では、このトランスポンダの搭載が航空法によって義務化されています。

高精度の情報が得られる「ADS-B」と「マルチラテレーションシステム」

2000年代に入ると、それまでよりワンランク上の情報システムであるADS-B（Automatic Dependent Surveillance-Broadcast）が登場します。これは、航空機がGPSで取得した情報を定期的に地上受信機に対して送信するシステムです。

ADS-Bの登場により、従来のレーダーよりも広い範囲で、航空機の動態情報（位置、

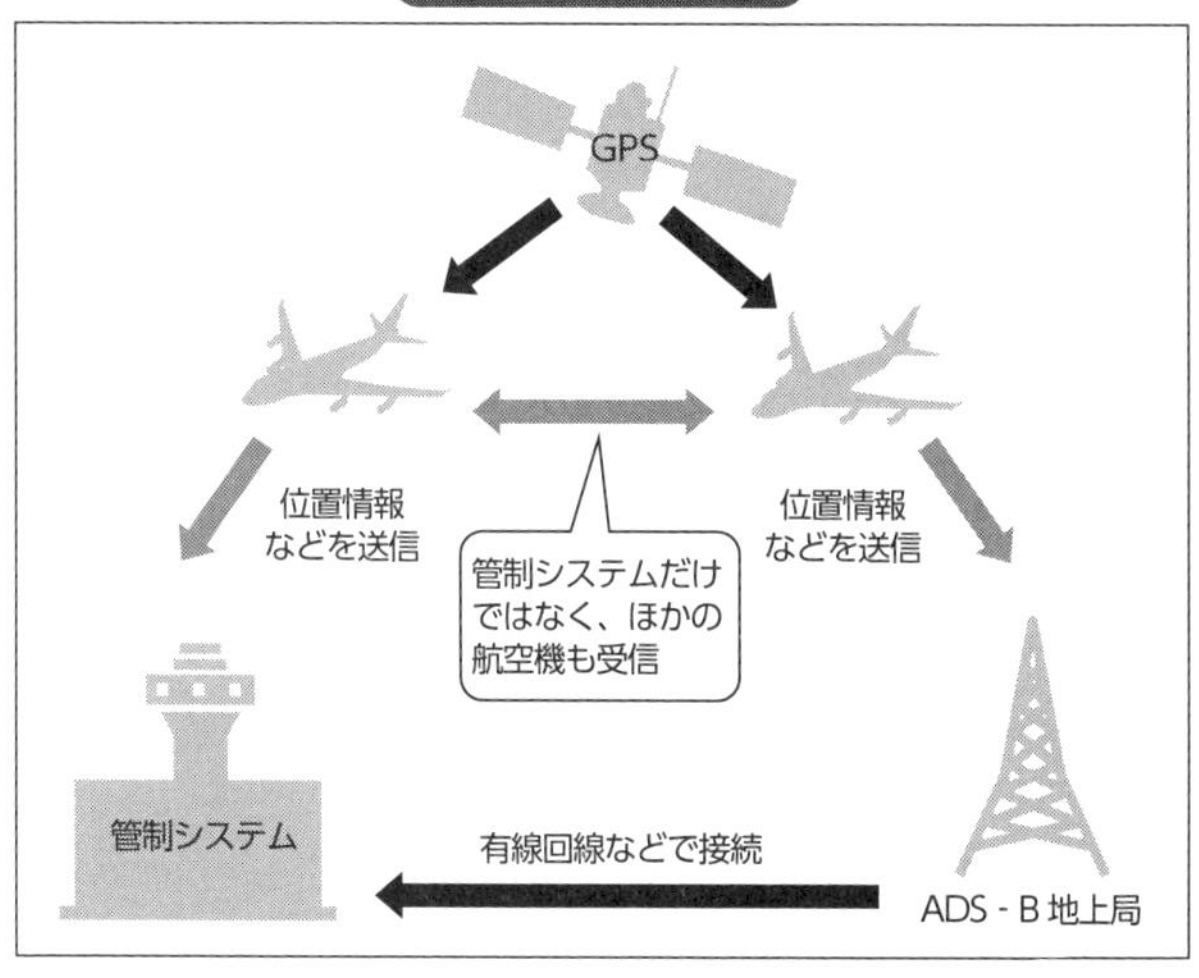

速度、航空機の旋回、上昇、降下の変化率など）について、より正確な情報を得ることができるようになりました。

一方、2024（令和6）年1月2日に起きた羽田空港での日本航空の旅客機と海上保安庁機の衝突事故で注目を集めた空港内の安全管理にも、最新の技術が活躍しています。その1つが「マルチラテレーションシステム（MLAT）」です。

これは、空港内を地上走行する航空機の位置を監視するシステムで、トランスポンダを利用します。空港内に設置した複数のアンテナで、航空機のトランスポンダからの信号を感知することで、航空機の正確な位置を把握します。日本では現在、新千歳、羽田、成田、中部、大阪、関空、福岡の各主要空港に導入されています。

さらに、このシステムを拡張した広域MLATでは、空港内だけではなく、空港から半径約10キロメートル圏内にいる飛行機の位置を、誤差数メートルの精度で知ることができます。

最初は滑走路から目視し、旗を振って知らせるところから始まった「管制」という業務ですが、それから100年超を経て、レーダーや地上の通信施設、衛星などさまざまな技術の発達により、航空機の位置や高度など多くの情報を精度高く集約することができるようになりました。

これらの技術も駆使(くし)して、安全で効率的な航空交通を維持管理する――それが現代の航空管制の目的であるといえます。

管制の流れ❶…多岐にわたる管制官の仕事

ここからは、飛行機が離陸してから着陸するまで、いくつかのフェーズに区切りながら管制の流れを解説します。

まずは、飛行機側の動きを見ておきましょう。出発となって、空港のターミナルビルを離れた飛行機は、滑走路に向かって走行を開始します。滑走路に入ると、いよいよ加速して離陸。徐々に高度を上げて空港から離れ、目的地に向かって巡航（じゅんこう）します。目的地の空港が近づくと、高度を下げ、滑走路に向けて直線に下降し、着陸態勢に入ったあとに接地。再びターミナルビルに向かって走行して、駐機場にて停止――というものです。

この一連の飛行においては、複数の管制官が管制を担当し、それぞれの管轄（かんかつ）を越える際に飛行機はバトンのように受け渡されていきます。パイロットは、そのタイミングに合わせて無線の周波数を切り替えながら、それぞれの管制官と交信することになります。

では、空港における航空管制から見ていきます。

空港では、駐機場から滑走路までの地上走行を担当する「地上管制」と、滑走路の離陸と着陸を担当する「飛行場管制」に分かれています。

これらを担当する管制官は、管制塔の最上部にある管制室で、空港全体を見渡しながら業務を行なっています。ちなみに、管制塔はすべての空港にあるわけではなく、管制室のみがある空港、さらには、管制官がいない空港もあります。

羽田の場合、滑走路は4本ありますが、風向きによって同時に運用する滑走路の本数が変わります。南風のときは4本とも使用しますが、北風のときは3本です。この滑走路を管制官が1人1本ずつ担当し、それぞれ着陸許可、離陸許可を出しています。常時3〜4人の管制官が、滑走路を監視しているわけです。

このほかに「地上走行」を担当する管制官が別に配置されています。一般的に大きな空港では、乗客が乗り降りする際にターミナルビルと飛行機の乗降口をブリッジで接続します。この飛行機の定位置を「駐機場」、その周辺の舗装（ほそう）を「エプロン」と呼びます。

エプロンから滑走路までは、「誘導路」と呼ばれる飛行機専用の通行路が敷かれています。この誘導路は、一般的な車道のように相互通行できるような幅を持っていません。そのため、飛行機同士がぶつかったり、鉢合（はちあ）わせしたりしてしまわないように誘導するのが、地上管制業務です。広い空港では常時2〜3人が担当しています。

このほかに、補助役の管制官が1人います。航空管制は、後述するように、空港及びその周辺空域を管制する飛行場管制、さらに外側の空域を管轄するターミナルレーダー管制、空港間の中間空域や高高度を管轄する航空路管制と、別々の施設に分かれているため、互いに直通電話などで連絡を取り合う必要が生じることもあり、そのために動く管制官が1

人、待機しているわけです。

さらに、もう1～2人、飛行計画書（フライトプラン）の承認を行なう管制官がいます。すべての飛行機は出発の2時間前までに「飛行計画書」を提出することが望ましいとされています。当日飛ぶ予定の便名、ルート、高度や積載燃料などが記載されたものです。

この飛行計画書が、気象の変化、交通量などに応じて異なるルートや高さで飛びたいなど、パイロット側と管制官側双方の事情により、出発直前に変更されることがあるのです。この最終的な飛行計画の承認を行なう管制官がいます。

最後に、全体を統括管理する立場の管制官がいます。航空管制は、あらゆる事態を想定しておかなければなりません。もしも不測の事態が起きてしまったら、各管制官は終始無線の応答にかかりきりになることが予想されます。そんなときに、外部と連絡調整を行ないつつ、全体をとりまとめる人が必要です。

管制塔では、このような体制で、管制官がチームとなって業務にあたっています。ただし、これは羽田や成田などの巨大空港の場合であり、チームの構成は空港の規模によって異なります。前述した通り、管制官が1人もいない空港もあります。

各空港やレーダー室には、こうしたチームがいくつかあり、シフトで動いています。時間帯によって扱う機数も異なるので、そのシフトは一定ではありません。

さらに、同勤務時間のチーム内でも、業務ポジションのローテーションがあります。たとえば「最初はA滑走路を担当した管制官が、30〜60分経ったら交代し、今度は地上を担当する」という具合です。担当業務や時間帯によって業務負荷が異なるので、交代によって負荷を分散させる狙いがあります。

もう1つ、集中力を維持するという目的もあります。たとえば、滑走路と地上では、同じ管制でも考えることや判断することが異なります。担当ポジションが変わることで、脳が切り替えられ、リフレッシュされる感覚があります。

管制は、ある種の「ゲーム要素」があります。アクションゲームを少しやったら、次にロールプレイングゲーム、その次はパズルゲーム……というように、担当するポジションを変えていくことで、頭も切り替えられて集中力を維持することができます。

かといって、交通状況の把握や慣れを考慮すれば、一定時間の継続も重要です。そのバランスをとると、30〜60分程度での交代が最適、というのが経験から蓄積（ちくせき）された知恵といえるでしょう。

管制の流れ❷…大空港の発着スケジュールは超過密状態

羽田空港では1日約1300回、飛行機が離着陸しています。しかし、滑走路は4本しかありません。この4本の滑走路をいかに効率よく使い、飛んでいく飛行機、降りてくる飛行機を上手に〝捌く〟ことができるか、そこは管制官の腕しだいだといえます。

そもそも、成田や羽田など、日々混雑している空港では発着数の上限があらかじめ決められており、それ以上増やすことはできません。これを発着枠（スロット）と呼びます。

1機の飛行機が離着陸にかかる時間（滑走路をその機のために空けておく時間）は、約90秒です。離陸であれば、滑走路手前の停止線を越えて加速、離陸していくまで、だいたい60秒から90秒。着陸であれば、着地ポイントの約2キロメートル手前から、接地、減速して、機体が完全に滑走路手前の停止線から抜けるまで約90秒。これをもとに、1時間に発着できる便数の限界が物理的に決まります。

国土交通省では、空港ごとに発着枠を定めています。羽田は滑走路が4本で、トータルで1時間90枠。成田は滑走路が2本で基本は68枠、最大72枠。その決められた発着枠が、各航空会社の希望スケジュールに割りふられます。

あとは、その「時刻表」通りに、それぞれの飛行機が発着できるように誘導してあげるのが管制官の仕事……ではあるのですが、現実は時間通りにとはいきません。

飛行機の発着には、遅延がどうしても発生します。たとえば、飛行機Aの到着が遅れたことにより、あとから来るはずだった飛行機Bが追い越して、先に着陸するかもしれません。あるいは、飛行機Aの到着後に出る予定だった飛行機Cを先に出発させたほうが、効率がいいかもしれません。

秒単位の細かい調整を行ないながら、過密スケジュールをこなしていくのも管制官の仕事なのです。

管制の流れ③…地上管制（誘導路・エプロン担当）の役割

飛行機が地上を走行する際、自動車や鉄道と大きく異なる点は「バックすることができない」ということです。クルマのように「狭い道路で鉢合わせしたら、どちらかが下がって道を譲る（ゆずる）」ということができません（まったく不可能ではありませんが、相当の出力で逆噴射を行なう必要があります）。

ちなみに、この鉢合わせを「ヘッドオン」と呼び、こうなってしまったらもう専用の車両（トーイングトラクター）を出動させて押し戻すしかない、という非常事態です。当然、運航にも大きな遅れが生じてしまいます。

トーイングトラクターは、空港では日常的に活躍しています。乗客を乗せた旅客機がターミナルから離れるときは、巨大な旅客機の前脚にトーイングトラクターを接続して押し戻します。これを「プッシュバック」といって、簡単そうに見えてじつは高度なドライブテクニックが求められる難しい作業です。時間にして4～5分は要します。

飛行機は、プッシュバックされながら機首を右か左に切り返して向きを変えると、そこでトーイングトラクターを切り離し、その地点からは自走で滑走路まで移動します。このときに、管制官はうまくタイミングを図ってプッシュバックの承認を出さないと、ほかの飛行機の走行を邪魔してしまうことになります。

また、右にバックさせるのか、左にバックさせるのかも重要です。それによって飛行機の向きが決まり、その後、どの誘導路を通って滑走路まで移動するかが、ほぼ決まるからです。

管制の流れ④…飛行場管制(滑走路担当)の役割

地上管制の指示に従って滑走路まで移動した出発機は、無線の周波数を滑走路担当の飛行場管制に切り替えて、離陸許可を待ちます。上空から着陸態勢に入った到着機もまた、飛行場管制と交信しながら、着陸許可を待ちます。

滑走路担当の管制官は、滑走路周辺の安全を確認し、出発機と到着機の間隔を監視しながら、安全かつ効率的に離着陸できるように指示、許可、情報提供を行なうのが仕事です。

滑走路が1本しかない空港であれば、自分が担当する滑走路の〝出入り〟だけを見ていればよいのですが、羽田や成田のように複数の滑走路がある場合は、他者が担当する滑走路の交通状況も把握しながら調整を行なう必要があります。

たとえば、自分の担当する滑走路から先に出発機を出したほうがよいのか、それとも別の滑走路で待機中の出発機を先に出したほうが、その後の運用がスムーズにいくのか――ということを、管制官同士で調整しながら決めていきます。つまり、自分の滑走路だけを気にしていればよいというわけではないのです。

そのため、管制官は常に右耳と左耳、両方を使って情報を得ています。片方の耳は、パイロットと交信するためのイヤホンでふさがります。

空いているもう片方の耳は、管制塔内部で聞こえる声や音の認知に使います。パイロットと交信しながら、もう片方の耳で、「今、管制塔のなかでどんなやりとりがされているのか」「ほかの管制官がどんな指示を出しているのか」を〝盗み聞き〟しながら、必要な情報をインプットするわけです。

耳だけではなく、もちろん目もフル稼働します。まず、いちばん大事なことは管制塔から外を見て、実機の存在を継続的に把握することです。

次に、目の前のディスプレイに表示されているレーダー画面を見ながら、管制官は空港周辺にいる航空機の便名、位置、高度、速度や動きを確認します。

さらに、別の画面には「運航票」が表示されています。運航票とは、飛行計画のうち必要最低限の情報を抽出（ちゅうしゅつ）した「各機の運航メモ」のようなもので、コールサイン（後述）、機種、空港名、飛行経路、巡航高度などの基本情報が記載されています。

この運航票は、以前は「ストリップ」という帯状（おび）の小さな紙片でしたが、現在では混雑空港を中心に電子化されており、手元の画面上に表示されるようになっています。管制官の手元には、常に現在交信している、あるいは、これから無線に入ってくるであろう飛行機の運航票が並んでおり、これも横目で確認しながら、パイロットと交信を行ないます。

つまり、聴覚、視覚をフルに使い、リアルタイムで移り変わる情報をインプットし、得られた情報から適切な判断をくだすことが求められる過酷な業務なのです。

これは、飛行場管制だけでなく、すべての管制業務においても同様です。

管制の流れ⑤…いつ、どのタイミングで離陸させるか？

管制の難しさを考えるとき、「自分で操縦しているわけではない」ということは、やはり重要なポイントの1つだと思います。操縦するのはパイロット、指示を出すのは管制官——両者がこの関係である以上、どうしても、どのような指示を管制官が出し、その指示を受けたパイロットがどう操縦を行なうかが、運航に影響を及ぼすことになります。

たとえば、管制官が離陸にかかる時間をどのくらいと見るか。仮に90秒と見積もれば、到着機Aと次の到着機Bのあいだに90秒の間隔があれば、出発機Cを出すことができます。

この間隔が100秒あれば余裕ですが、80秒ならあきらめて出発機Cを到着機Bのあとに回さざるを得ません。

しかし、実際に離陸にかかる時間は、さまざまな要因で異なります。航空機の重量や天候などの環境にもよりますし、パイロットがテキパキと動いてくれて最短時間で離陸してくれるタイプなのか、慎重なタイプなのかでも、かかる時間は違ってきます。

航空会社や国籍でも異なります。日本の航空会社のパイロットは、ある程度、空港の事情を理解しているのでキビキビと動いてくれますが、外国の航空会社には「急ぐ意味がわからない」といわんばかりのマイペースなパイロットもいます。それもまた、運航の最高責任者としては正しいのですが……。

飛行機のパフォーマンスによっても、離陸の所要時間は異なります。飛行機の大きさ、重さ、乗客の数、燃料の量、そんなことも計算に入れながら、管制官は離陸所要時間を予測します。「この便は長距離国際線だし、地上走行の動きを見るに〝ゆっくり系のパイロット〟。ふだんより離陸には時間がかかるだろう」などと判断するわけです。

ちなみに、飛行機の離陸方法は2つあり、それによっても所要時間は異なります。

「スタンディングテイクオフ」は、滑走路のスタート位置で一度停止し、そこでブレーキを踏みながらエンジンの回転数を上げ、推進力が上がったところでブレーキ解除、一気に加速するという方法。滑走路が雨や雪で濡れているときなどは、滑走距離が短く済むこの方法で出ることが多くあります。到着機の離脱を待って離陸する場合も、待ち時間が生じるので自然と「スタンディングテイクオフ」になります。

「ローリングテイクオフ」は、誘導路から滑走路に入ると、停止せずにそのまま機首を滑走方向に向け、加速して滑走に入るという方法です。一時停止を行なわないので、離陸にかかる時間は少なくて済みます。

管制の流れ⑥…飛行機の遅延は悪天候だけが原因ではない

飛行機の発着が、あらかじめ決められた発着枠（スロット）通りに進行していけば、すべての便が遅延なく、定時に離着陸できるはずです。しかし、実際は遅延がしばしば起きることは誰もが経験している通り。飛行機が遅れる理由の代表格は悪天候ですが、実際には、天候以外の理由で遅延することもひんぱんにあります。

飛行機が予定した時刻通りに発着する度合いを「定時運航率」といいます。出発予定時刻の15分以内に出発した実績から測られますが、羽田は世界でもトップクラスの定時運航率を誇ります。一方、成田や那覇は定時運航率が低いことで知られています。

出発遅延の理由や性質によってデータの取り方も異なるようですが、成田の定時運航率が低い理由の1つは、過密スケジュールです。

もちろん、羽田も過密といえますが、発着枠でいえば、羽田は滑走路4本で1時間90機、成田は滑走路2本で最大72機。いかにタイトであるかがわかるでしょう。そのゆえに、到着便が少しでも遅れると全体のやりくりに影響して、遅延が起こりがちになるのです。また、発着枠はあくまで理論値での計算なので、運航実態と合っていないのかもしれません。

もっとも、発着枠はすべての時間帯でギリギリまで埋まっているわけではなく、成田のピークは10時台と18時台。この時間帯の遅延を最小限に食い止め、その後の比較的空いた時間帯で遅延の連鎖を解消することで、何とかやりくりしているという現実もあります。

一方、羽田はそんな回復を行なう隙間もないほど、全時間帯に便が埋まっています。

管制の流れ⑦…レーダー管制（出域管制）の役割

飛行機が離陸すると、パイロットは無線をレーダー管制官の周波数に切り替えます。

レーダー管制は、空港に設置したターミナルレーダーで空港周辺の混雑する空域を管理する仕事で、管制塔の管制室とは別の「レーダー管制室（ＩＦＲ室）」で行ないます。ちなみに、以前は羽田と成田にそれぞれターミナルレーダー室がありましたが、互いに空域が近いことから２０１０（平成22）年に統合され、現在は羽田で一括して行なっています。

ターミナルレーダー管制は、出域管制（ディパーチャー）と進入管制（アプローチ）に分かれます。

出発する飛行機は、滑走路から離陸して間もなく、空港管制からターミナルレーダー室の出域管制に周波数を切り替えます。周波数に入ってきたパイロットに対し、出発席の管制官は「これからは私たちがレーダーを使い誘導します」と宣言します。これを「レーダーコンタクト」といいます。

レーダーコンタクトは、航行中に1度だけ宣言されます。この宣言は「滑走路から離陸した飛行機を、初めてレーダーがキャッチしたこと」を示すと同時に、パイロットにとっては「みずからの責任で安全な航行を維持することを前提としながら、ここから先はレーダー管制が常に見守り監視している」ということを意味しています。

管制官は、レーダー画面上で飛行機の存在を表す小さな点（ターゲット）を見つけた瞬

管制の受け渡し

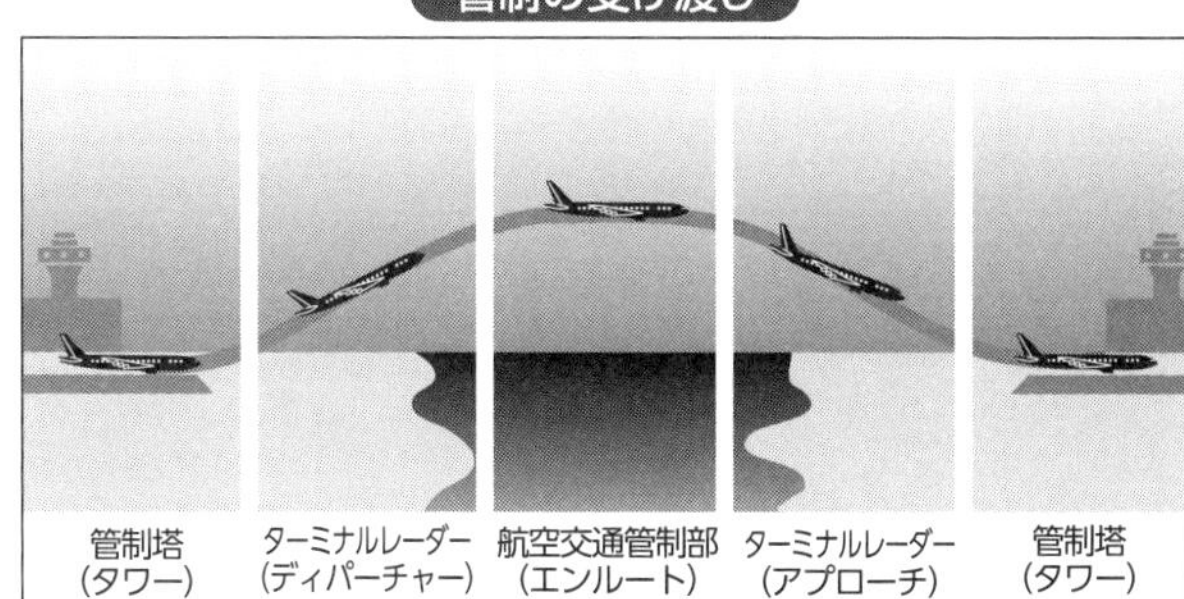

間、その飛行機の安全を見守る役割にあることを認識しなければいけません。ここからがレーダー管制のスタートになります。

出域管制は、離陸した飛行機の経路を指示しつつ、パイロットが要求している飛行高度に向けて誘導します。日本は、狭い国土のなかに多数の空港や基地があります。高度が低いうちは、隣接する別の空港の空域に干渉（かんしょう）するため飛行を制限されているエリアが多く、自由に飛ぶことができません。

たとえば、羽田から西方面に向けて飛ぶ場合、米空軍及び航空自衛隊の横田基地付近を通ることになります。この上空のエリアは「横田空域」と呼ばれ、旅客機は約7000メートル以下の空域を飛行することができません。つまり、高度を上げて、7000メートルよりも上を通過しなければならないのです。

また、市街地上空も騒音などの問題で、低高度では飛ぶことができないエリアが指定されています。そのため、羽田から離陸した飛行機は、この〝飛べない空域〟を避けるために、空港周辺の海上で旋回して高度を上げてから目的地に向かう、という飛び方を余儀なくされます。

このとき、どのようなルートを飛んで高度を上げていくかはあらかじめ決まっていますが、出域管制が周囲の状況から「一部のルートを短縮しても大丈夫」と判断したら、ショートカットを指示することがあります。これを「直行許可」といいます。

上昇してターミナルレーダーの空域を出ると、パイロットは航空路管制に周波数を切り替え、引き続き目的地に向かって航行します。

管制の流れ⑧…レーダー管制(進入管制)の役割

航空路管制を説明する前に、ターミナルレーダー管制のもう1つの役割である「進入管制」について説明しておきましょう。

空港周辺の空域は、着陸に向かう飛行機で混雑します。進入管制は、これらの機が適切なタイミングで滑走路に降りることができるように導きます。そのため、速度や高度、あるいはルートなどを指示しながら、飛行機同士の間隔を調整しています。

じつは、管制官としては、この進入管制がいちばん緊張します。おそらく管制の仕事でもっとも難しく、やりがいのある業務でしょう。私が「管制業務のなかで、花形はどこか？」と問われれば、「やはり、ターミナルレーダーの進入管制だ」と答えます。

結局のところ、管制塔にいる管制官にできることは限られている、といわざるを得ません。滑走路に向かって、適切な間隔になるように各機を誘導するのはレーダー管制官。ここで間隔を間違えれば、その後のすべてがうまくいかなくなってしまいます。職人レベルの技量が求められる仕事なのです。

管制塔の飛行場管制席に座りながらレーダー画面を見ているだけでも、その仕事ぶりは手にとるようにわかります。進入管制が何を行なおうとしているのか、着陸にどのくらいの間隔をとろうとしているのか、どんな優先順位で誘導してくるのか、画面越しに伝わってくるのです。

飛行場管制を担当する管制官は「ああ、この交通状況であれば、こういう感じで（到着機を）持ってくるのか」「こちら（の機を）を先にして、その後ろ（の機）をこの距離で持ってくるのか」などと理解しながら、リアルタイムで地上を走行する飛行機にどう指示するかの心づもりをするわけです。

そして、いざ飛行場管制に入ってきて交信が始まると、その後ろの機がどのくらいの間隔で来るのかレーダーを見て確認します。その間隔はもう、飛行場担当の管制官には動かしようがありません。レーダー管制がつくっている間隔です。

管制が目指しているのは、滑走路を安全かつ効率的に運用すること。そのための原則は「1つの滑走路上に、同時に2機の飛行機がいてはならない」というものですが、理想をいえば「常に1機いる」、この状態をつくり出すことが目的です。1機が離陸するとすぐに次の機が離陸を始める、あるいは、到着機が降りてくるというように、滑走路が常に使用されていることが理想なのです。

羽田や成田で離着陸の様子を実際に見ていると、航空機が着陸し、滑走路を抜けた頃に、ちょうど次の航空機が着陸してくる、という流れがわかるでしょう。まったく無駄のない間隔のコントロール、これはもうアーティストと呼んでもいい領域です。

その作品が「滑走路」、といったら大げさかもしれませんが、それくらい、レーダー進入管制は繊細(せんさい)な仕事をしているといえます。

管制の流れ⑨…到着機が殺到したとき、どんな指示を出す？

ところが、この間隔調整がいつも思い通りにできるとは限りません。飛行機の運航が天候に大きく左右されることがあるからです。

たとえば、台風とまではいかないまでも、ある程度の悪天候が予想されるときには、天候が本格的に崩れる前に着陸したいという〝駆けこみ需要〟があり、悪天候が過ぎ去ったあとは、それまで出発できずにいた便から「すぐに出たい」という需要が集中しがちです。

あるいは、ゲリラ豪雨や春一番のような突風など、局地的に予想外の悪天候が発生すると、それによって発着を控えていた飛行機が、天候回復とともにいっせいに動き出して、急にピークが来ることもあります。

そんなときは、着陸間隔の調整だけでは限界があるため、レーダー管制の指示で、各機に上空で待機してもらいます。待機といっても、ヘリコプターのように同じポイントでホバリングするわけにはいかないので、大きく旋回しながら次の指示を待つことになります。

ターミナルレーダー管制の管轄であるターミナル空域のなかには、「ホールディングパターン」という、いわば〝旋回コース〟があります。そこをぐるぐると回りながら、適切なタイミングで管制官の指示を受け、待機から抜けて滑走路に向かうという流れです。

待機する飛行機を2機、3機と増やさなければならない場合は、先に旋回している飛行機の上へ上へと〝重ねて〟いきます。1機が旋回待機していたら、次に待機する機はその約300メートル上に、もう1機増えたらさらに300メートル上に……というように、着陸待ちの飛行機で層をつくる〝ミルフィーユ状態〟になります。

待機する機をすべて着陸させるには、まず一番下の高度にいる飛行機を滑走路に誘導し、同時にその上の飛行機に一段階、高度を下げるように指示、さらにその上の飛行機にも一段階、高度を下げるように指示……というように、順繰り(じゅんぐ)りに降下させていきます。あえて、降下させずに1機分の隙間をつくっておき、待機が不要な飛行機を先に通過させることもあります。もう、3次元パズルそのものです。

ときには、空港のオープンを旋回待機で待つ、ということもあります。内陸の空港には運用時間が定められており、朝のオープン時間が決まっています。朝7時にオープンする空港上空に、到着機が予定より早く着いてしまうということはよくあるケースです。

そんなときは、上空で旋回待機させておき、6時50分くらいになったら旋回を抜けて滑

旋回待機の機が重なったケースの管制指示

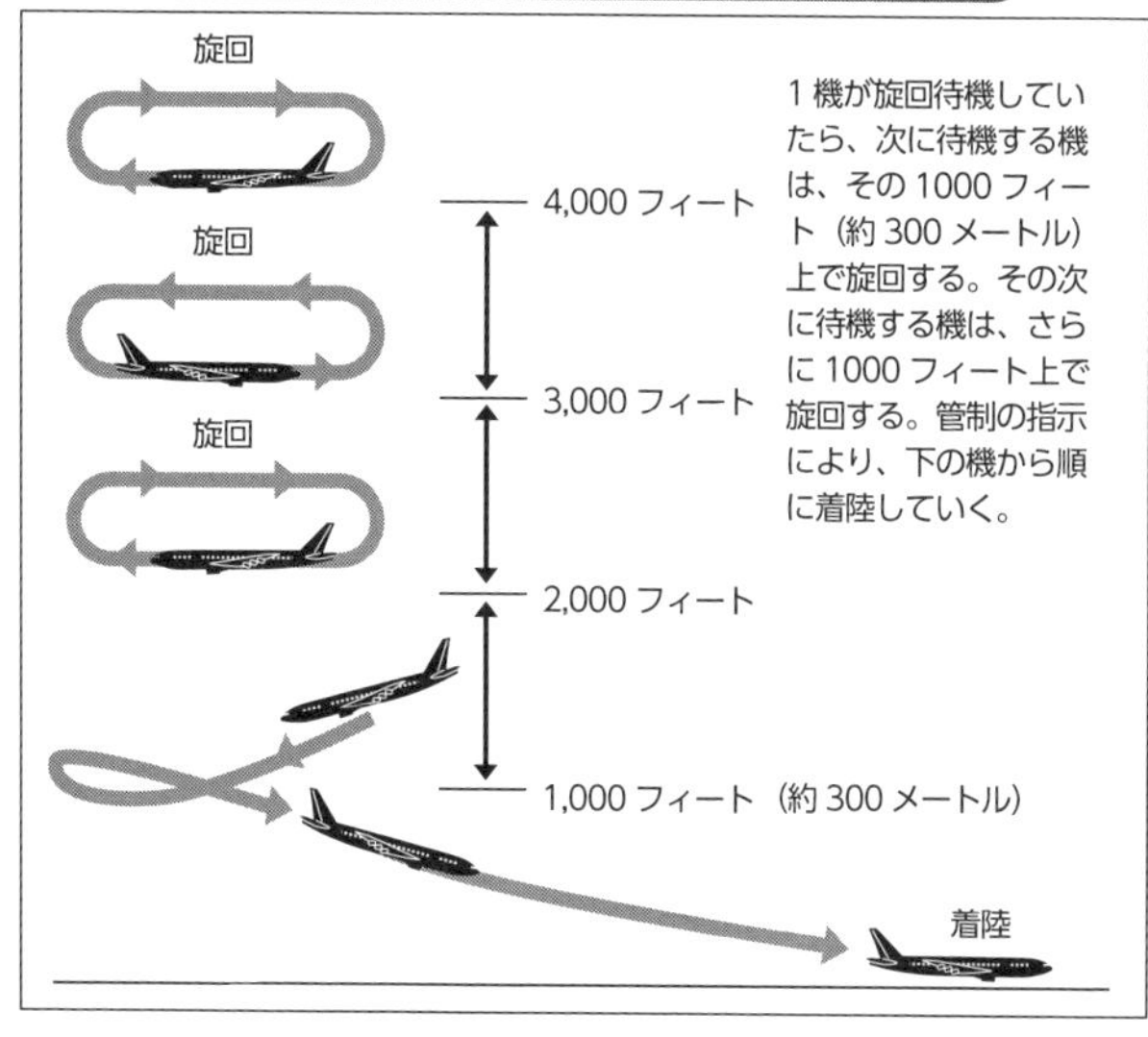

走路に向かうように指示します。そうして、7時ちょうどに着陸させるというわけです。

じつは、旋回待機が発生するということは、極論すると、その時点で航空管制の事前計画が失敗しているともいえます。理想は、「出発地から目的地まで急がせることなく待たせることなく的確に」指示して、飛行経路、速度を調整しながら、適切なタイミングで目的地空港周辺に到達するようにすれば、旋回待機はしなくても済むわけです。

あるいは、出発空港で離陸するタイミングを遅らせることでも、旋回待機を回避することができます。上空待機の旋回は1周約3～4分なので、出発時または航行中にその時間分を調整すればよいのです。ただし、正確に読み切らなければ、まったく意味のない遅延になりますし、「3～4分遅らせるつもりだったが、実際は5分遅れになった」となれば、さらに後ろの飛行機が遅延することになるというリスクもあります。

方面の偏り（かたよ）も影響します。じつは旋回待機が発生しやすいのが、大阪空港（伊丹）や関空です。関空は国際線が韓国・中国便に偏っており、国を越えて出発地空港で待たせる調整が困難なことが理由だと考えられます。成田も国際線がおもだっていますが、こちらは北米やヨーロッパなど来る方向がまちまちなので、上空での調整が行ないやすいのです。

また、何らかの理由で滑走路閉鎖となったときも、旋回待機が大量に発生します。閉鎖が長びくとレーダー空域の旋回コースがいっぱいになってしまい、さらに外側の航空路管制の空域で旋回待機を指示することもあります。

管制の流れ⑩…航空路管制の役割

ここまで飛行場管制とターミナルレーダー管制について説明してきましたが、その外側の

日本に4か所ある航空交通管制部の管轄区域

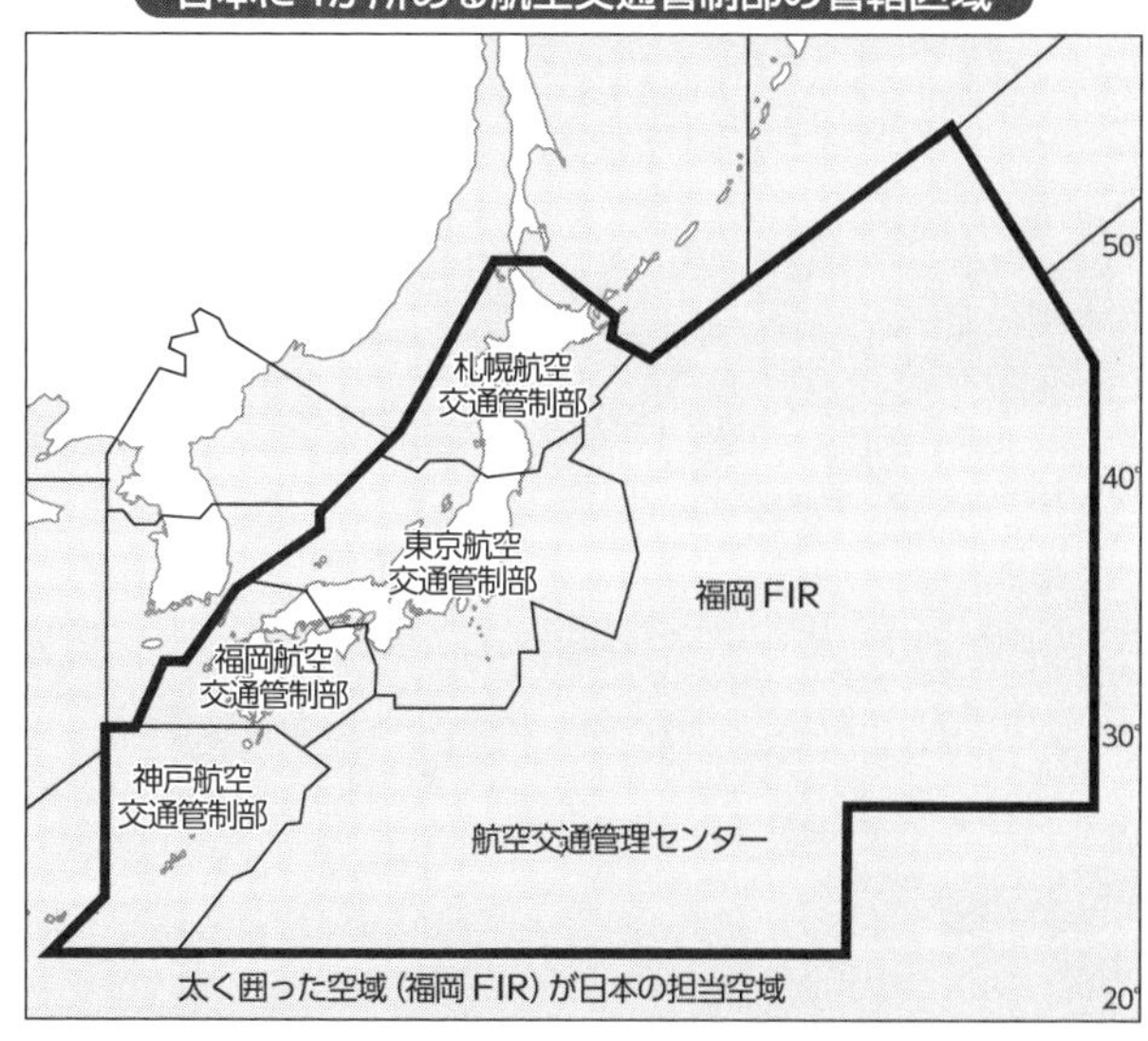

太く囲った空域（福岡 FIR）が日本の担当空域

空域、つまり空港から空港までの経路のうちのほとんどの空域を担当するのが、航空路（エンルート）管制です。この航空路管制業務は現在、札幌、東京、神戸、福岡の4か所の航空交通管制部で行なっています。

航空路管制の仕事をわかりやすくするために、ここで「飛行計画書」について説明しておきましょう。すべての航空機は事前に飛行計画書（フライトプラン）を作成して、出発前に提出することになっています。

飛行計画書には、運航を予定している出発空港、目的空港、飛行経路、巡航速度、高度、出発及び到着予定時刻、さらには、目的空港に降りられなかった場合の代替空港や搭載機器など、さまざまな情報が記載されます。

提出された飛行計画書は、航空管制運航情報官（後述）が内容を審査し、承認します。計画は出発直前まで変更が可能で、直前にパイロットから「一部変更するから待ってて」とリクエストしてくることもあります。これは、出発直前に天候などの状況変化により、飛行経路や高度に変更の必要が生じたためです。まれに、機材トラブルでほかの機体に変更することもあります。

パイロットはこの飛行計画書に合わせて航行し、管制官もまた、交通状況が許す限りはその計画通りに指示するのが仕事だといえます。航空路管制では、飛行計画書に記された巡航高度を見て、その高度までの上昇指示を出します。目的空港が強風や濃霧で着陸できないとパイロットが判断したときは、飛行計画書にある代替空港への着陸を調整します。

このように、飛行計画書はすべての管制業務において重要なものですが、さらにもう1つ重要な役割があります。

パイロットと管制官は、常に無線でつながっており、いつでも交信可能な状態にあることが原則です。ところが、この無線が途絶（とだ）えることがあるのです。通常通り、レーダー画面を見ながら「○○へ向かってください」「了解」「周波数を○○に合わせてください」「了解」というやりとりをしていると、突然、応答がなくなるときがあります。

たいていは、コクピット内での操作ミスや、勝手にほかの管制官の周波数に切り替えたなどの理由で、一時的にいなくなるといった程度のことです。しかし、私も経験があるのですが、完全に無線が途絶える事態に遭遇することもあります。

空を飛んでいる最中にパイロットと無線がつながらなくなったら、管制官はもう何もできません。あとはレーダーで見守るのみで、パイロットがその後、どのように飛行するのかを把握できなくなります。

そんなとき、飛行計画書が重要になります。飛行計画書が承認されたら、たとえ無線で連絡がとれなくても、パイロットはその通りに飛んでよいのです。飛行計画書に「○時○分○○空港に着陸予定」と書いてあれば、管制に指示されなくても、予定通り空港に向かってよいと承認を受けている、そこが飛行計画書の重要なところです。

ただし、滑走路に着陸するところまで承認を得ているわけではないため、管制官がいる空港であれば「ライトガン」という文字通り〝光の銃〟を使い、管制塔から着陸許可を表す緑色の光を出します。そのほか、無線が使えなくなった場合の措置(そち)は、空港によって追加ルールが公示されています。

ちなみに、飛行計画書はセスナやヘリコプターのようなVFR（パイロット自身が目視で外部を確認して安全を確保しながら飛ぶ方式。管制の指示を受けずに飛ぶことができる）の飛行機も提出が義務づけられています。これは、VFR機が万一消息を絶った場合、この飛行計画書にもとづいて捜索救難活動が行なわれるという意味合いがあります。

説明が長くなりましたが、上空を行き交う飛行機が、それぞれの飛行計画書にもとづいて安全に航行できるように指示し、見守るのが、航空路管制とターミナルレーダー管制の1つの役割といえます。

管制の流れ⑪…航空路管制がルート変更を指示するケース

航空路管制は、事前に飛行計画書で決められた飛行経路を航行できるように指示すると述べましたが、ときには「ショートカット」、つまり〝空の近道〟をさせることもあります。ショートカットについては、ターミナルレーダー管制の項で少し触れましたが、ここであらためて説明しましょう。

飛行機は、新幹線のようなレールもクルマのような高速道路もないため、飛び立った空港から着陸する空港までまっすぐ最短距離を飛んでいる、と思われがちですが、じつはそうではありません。空にも決められた〝道〟があり、基本的にはそれに沿って飛んでいます。その道のことを「航空路」といいます。

「飛行機は直線ではなくジグザグに飛ぶ」といわれるように、航空路はいくつものポイントをつなぐ網の目のようになっており、各ポイントを結ぶようにルートを決めます。

ポイントは、航空路に沿って細かく設定されており、全国に設定されたポイントの緯度経度や高度を一覧表にまとめた資料は235ページもあります。なお、航空路の起点と終点、他の航空路へと入る〝交差点〟には、かならずポイントが設定されています。鉄道の線路と駅のような関係です。

飛行機がどのルートで飛ぶのか、つまり、どのポイントを通って目的地に向かうかは、当日の状況を見て、航空会社のディスパッチャー（航空機運航管理者）が決定します。パイロットはフライト前のブリーフィングで最終確認を行ないます。

経路と同じように、高度も重要です。空の道は地上の道と異なり、3次元です。同じ航空路を高度で切り分けた層のようになっています。同じ経路を、高度1万フィート（約3

048メートル）では西から東へ、その1000フィート（304・8メートル）上の1万1000フィート（約3353メートル）では東から西へと、逆方向にすれ違うことも可能です。なお、日本国内の航空路を飛行する場合は、おもに東行きが千の位が奇数の高度、西行きが千の位が偶数の高度です。

高度の使い分けは、国によっても異なるようですが、各国の空域境界を越えて飛行する場合、2000フィート刻みで西行きと東行きが交互になることが多いようです。なお、ロシアに入るときにはフィートからメートルに換算しなおすのですが、空は世界に1つなのですから国際ルールで同じにしてもらいたいものです。

さて、「飛行ルートはディスパッチャーが決定する」と述べましたが、国土交通省が指定する推奨ルートがあるので、基本はこのなかから選択します。

そのうえで、「今日の天候ならこのポイントはショートカットしても大丈夫」などと修正を加えた飛行計画を作成するのがディスパッチャーの腕の見せどころです。これを航空管制運航情報官（以下、運航情報官）が審査し、問題がなければ承認ということになります。

ただし、この承認が行なわれるのは出発の約2時間前。天候の変化により、航空会社がルート変更を希望する場合や、特定の経路や高度が混雑することが判明した場合には、調

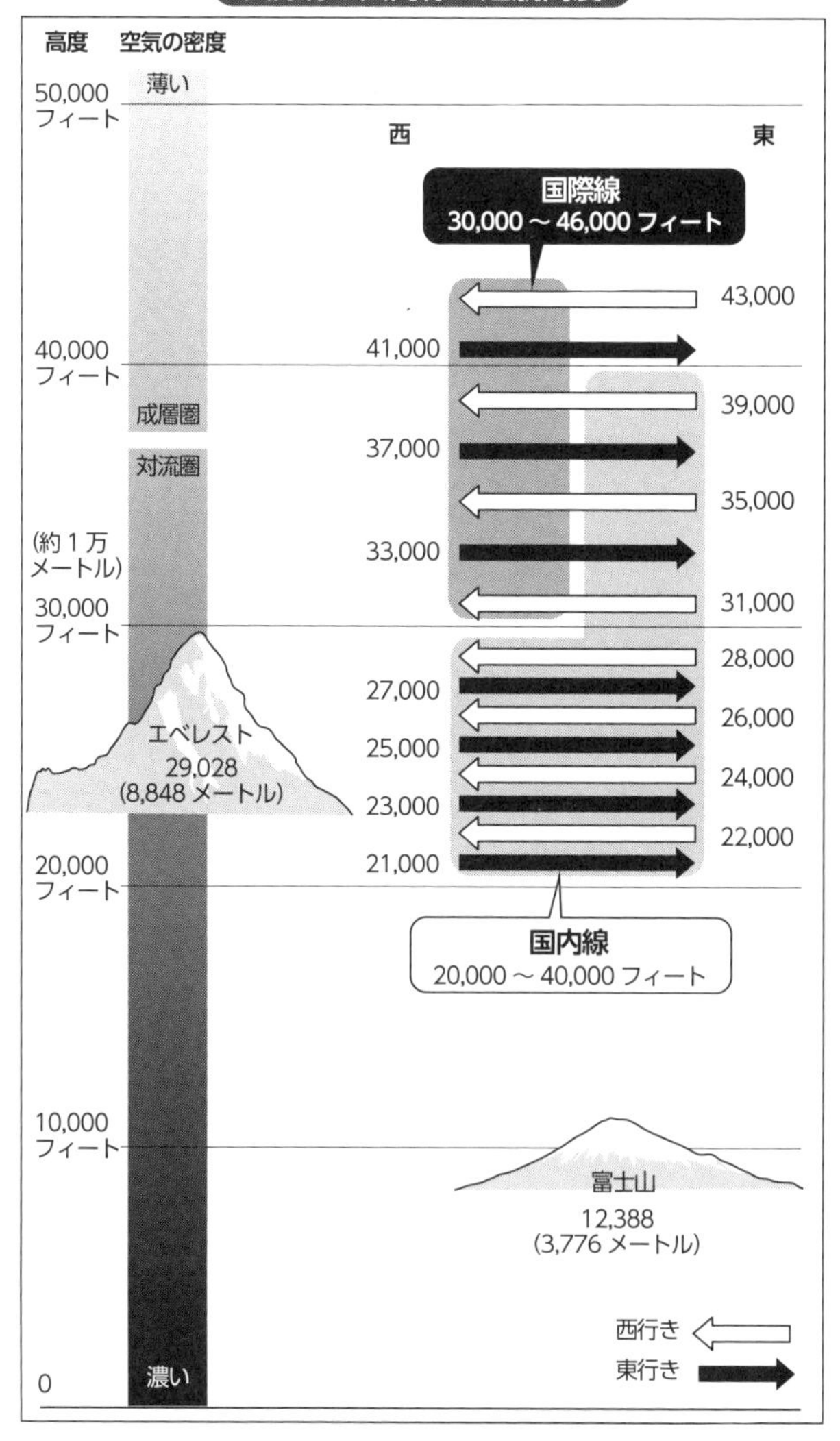

国際線と国内線の巡航高度
高度
空気の密度
薄い
50,000 フィート
西
東
国際線
30,000 ～ 46,000 フィート
43,000
41,000
40,000 フィート
39,000
成層圏
37,000
対流圏
35,000
(約1万 メートル)
33,000
31,000
30,000 フィート
28,000
27,000
26,000
エベレスト
29,028
(8,848 メートル)
25,000
24,000
23,000
22,000
21,000
20,000 フィート
国内線
20,000 ～ 40,000 フィート
10,000 フィート
富士山
12,388
(3,776 メートル)
西行き
東行き
0
濃い

整を行なうこともあります。

管制席に座っていると、出発30分前、すでに乗客を乗せた状態のパイロットが「今日のルートはこれでいきたい」と変更をリクエストしてくることもあります。それを運航情報官が承認し、管制官との確認がとれれば、変更したルートで飛ぶことになります。

さらにいえば、離陸してから、状況に応じてパイロットにルート変更を指示することもあります。承認した経路を航行中に、航空路担当の管制官が「今なら、このポイントを通らずに次のポイントに直接向かったほうが効率的」と判断したら、ショートカットを指示します。国内便が遅れるよりも早く着くケースが多いのは、管制官がこのショートカットを積み重ねた結果が表れていると私は考えています。パイロットからルート変更をリクエストしてくることもありますが、交通状況が許せば、基本的には承認します。

パイロットからのリクエストは、コースの変更だけではなく、高度の変更もあります。パイロットはなるべく高いところを飛びたいと考えています。なぜなら、上空に行けば行くほど空気の密度が薄くなるので、速く、また燃料消費も少なく飛ぶことが可能だからです。管制としても、上が空いていれば、なるべく上昇させてあげるようにしています。

ただし、上のルートに別の飛行機が来ていれば、リクエストがあっても「上昇はまだ待て」ということはあります。また、離陸したばかりの飛行機が上昇し、同じルート上に合流するようなケースでも、管制官からパイロットに別の高度を指示して、重なりを回避するようにします。

こうして航空路の管制空域を飛んできた飛行機が、いよいよ目的地のターミナルレーダー空域に近づくと、今度はターミナルレーダーの進入管制に周波数を合わせ、着陸許可をもらって空港へ、というのが航空管制の大きな流れになります。なお、ターミナルレーダーがない、混雑していない空港は、そのまま管制塔の管制官に引き継ぎます。

日本の空は「航空交通管理センター」で一括管理

航空路管制業務は、札幌、東京、神戸、福岡の4か所の航空交通管制部で行なっていると述べましたが、じつはもう1か所、航空交通管理センター（Air Traffic Management Center：ATMC）という施設があります。

日本全国の空域は、前者の4つの航空交通管制部でカバーしています。しかし、到着空港での混雑を予想して、あらかじめ出発時刻を遅らせるなどの指示をするには、もっと広い空域を俯瞰(ふかん)して総合的に管理する必要があります。その業務を行なっているのが、福岡にある航空交通管理センターなのです。

航空交通管理センターでは日本全国の空域の交通量の管理、つまり分割された空域に対し、「この空域には、このくらいの機数が適切」というように容量管理を行なっています。

全空域を飛んでいる飛行機の動きを予測して、このままでは、この空域を飛ぶ機数が許容量を上回る、ということが判明すると指令を出します。「この空域では速度を○○に落としてください」「羽田行き便の出発は全機5分遅らせてください」といった具合です。

ＡＴＭＣが設置された契機は、旋回待機の多発でした。かつては、国内の主要空港で上空待機が常態化していたのです。旋回待機は、時間的にも経済的にも不効率。これを何とか減らせないかと考えて、上空でなく地上で待機させたり、上空を飛ぶ飛行機の全体量そのものを管理する発想に至ったわけです。

ＡＴＭＣではこのほかに、自衛隊や米軍の「訓練空域」でも、訓練が行なわれていないときには飛行できるように調整するといった「空域管理」、レーダーが届かない太平洋上の飛行機をパイロットからの位置情報をもとに管理する「洋上管理」の業務を行なっています。

2章

管制官とパイロット、緊迫の交信の実際

世界中の管制官が英語で交信を行なう理由

管制官は、安全かつ効率的に航空交通を管理するのが仕事です。しかし、実際に飛んでいるのはパイロットで、管制官は管制室またはレーダー室の内部にいます。管制官がコントロールできる方法は、無線によるパイロットとの交信のみ。つまり、コミュニケーションこそ、管制官の「最大の武器」なのです。

パイロットとの交信は、基本は英語で行ないます。国際航空機関であるＩＣＡＯ（国際民間航空機関）はもちろんのこと、日本の管制の〝バイブル〟である「管制方式基準」にも「管制用語は英語または母国語を原則とする」と記されています。なぜ、英語なのか。その理由は２つあると私は考えています。

１つは、当然ですが「共通言語が必要」だということ。世界中、さまざまな国で航空機が行き来し、パイロットの国籍もさまざまです。やはり共通語となると英語が適当でしょう。では、国際線が発着しない国内線専用の空港ではどうかというと、やはり英語が原則です。ただし、中国のように国内パイロットの便に限って、母国語を使っている国もあります。

ある日本人パイロットから聞いた話ですが、彼が中国の空港に行ったとき、別の飛行機のパイロットが管制官と何を話しているのかが理解できず、大きな不安を覚えたそうです。管制官がパイロットに指示しているのか、地上車両の運転手に情報を出しているのかさえもわからなかったといいます。

管制官が何かの指示を出していることは理解できるのですが、その内容が不明なので、別の飛行機がこちらに機首を向けて動き出したりはしないかと疑念（ぎねん）が抜けなかったそうです。パイロットの状況認識もまた、航空交通の安全には欠かせないものです。たとえ国内線であっても、やはり英語で交信するのが原則だと思います。

交信に英語を使うもう1つの理由、それは、「誤解を生まないため」です。管制で使う言葉は英語を基本としていますが、日常英語そのものではありません。より誤解を生まないように定義されています。そのことについては後述しますが、まず、ふだん使い慣れた言葉（私たちにとっては日本語）が、本当にもっとも誤解を生まないコミュニケーション手段なのかどうかを考えてみましょう。

たとえば、「○○はないですよね？」という質問に「はい」と答える場合、日本語では

「はい、あります」「はい、ありません」と後ろに続く言葉しだいで2つの可能性があります。「はい」だけでは意味を持たない（判断できない）こともあるでしょう。

また、日本語は表意文字で漢字を使うため、読むときにはわかりやすいのですが、耳で聞くときには同音異義語が多いのも気になります。たとえば、「こうか」は「降下」なのか「効果」なのか。「たいき」は「待機」なのか「大気」なのか。文脈を読めば間違えることはまずなさそうですが、それでも曖昧さは残ります。

誤解をなくすうえでいちばん重要なことは、耳で聞いただけで、明確にこの言葉とこの言葉は違うと区別できることです。ふだん使い慣れている母国語であるために、かえって曖昧さを許容してしまったり、微妙に違う意味に捉えてしまうこともあるでしょう。

管制でよく使う言葉に「指示」「許可」「承認」があります。この3つは似て非なる言葉で、管制方式基準ではそれぞれ明確に定義されています。しかし、その定義をしっかり認識していないと、母国語であるがゆえにそれぞれが勝手に意味を読み取って、解釈が分かれてしまう可能性もあると私は考えています。

実際、英語を母国語とするアメリカではコミュニケーションエラーは少ないのかというと、そんなことはありません。管制を母国語で行なったからといって、ミスやエラーが減るわけではないのです。

聞き間違いを防ぐ「フォネティックコード」とは

管制で使う英語は、誤解を生じないように定義されていると述べましたが、その例をいくつか挙げておきましょう。

たとえば、「Yes」「No」は基本的に使いません。「Yes」と答えたいときは「affirm」「No」は「negative」といいます。それぞれ音節が短く聞き取りにくい、ほかの言葉と区別しにくいというのがその理由です。

とくに「No」は「Know」と音が同じでまぎらわしく、また「All」など「O（オー）」の音に似た母音を含む単語が多いのも理由だといわれています。

アルファベットも、やはり短くて聞き取りにくいため、「A（エー）」「B（ビー）」「C（シー）」とは発音しません。誰しも日常的に、B、D、E、P、Tなどは、聞いたときにどれなのか迷ってしまい、相手に確認した経験があるのではないでしょうか。

ABCは、それぞれ、「A（Alfa：アルファ）」「B（Bravo：ブラボー）」「C（Charlie：チ

ャーリー)」。これを「フォネティックコード」といいます。日本語でも、電話などで発音しにくい文字を説明するときに「アジアのア」「イロハのイ」などというのと同じです。

管制では、便名、空港名、航空路の名称など多くの記号を使用します。これらを無線の音声のみでやりとりする際、B、D、E、P、Tをそれぞれ「ブラボー=B」「デルタ=D」「エコー=E」「パパ=P」「タンゴ=T」などといえば、判別しやすいわけです。

フォネティックコードは数字にも設定されています。「3」を「トゥリー」と発音するのは、「th」の発音が「s」と似ているため、「9」を「ナイナー」というのは、ドイツ語の「nein:いいえ」と発音が同じなどといった理由もあるでしょう。

これらは、航空管制官など航空保安職員の教育訓練を行なう航空保安大学校で叩きこまれるので、頭に染みついています。私もふだんの英会話で、うっかり「9」を「ナイナー」といってしまった経験があります。

フォネティックコードが管制の現場でもっとも使われるのは、誘導路の指示です。ターミナルビルと滑走路のあいだには網の目のように誘導路が走っており、駐機場から滑走路に誘導するときに、どの誘導路を通っていくのかを管制官がパイロットに指示します。

この誘導路が「A-1」「A-2」「B」「C」などとなっていることが多いのですが、こ

アルファベットのフォネティックコード

文字	識別語	読み方	文字	識別語	読み方
A	Alfa	アルファ	N	November	ノーベンバー
B	Bravo	ブラボー	O	Oscar	オスカー
C	Charlie	チャーリー	P	Papa	パーパー
D	Delta	デルタ	Q	Quebec	ケベック
E	Echo	エコー	R	Romeo	ロウミオー
F	Foxtrot	フォックストロット	S	Sierra	シーエラー
G	Golf	ゴルフ	T	Tango	タンゴ
H	Hotel	ホーテル	U	Uniform	ユーニフォーム
I	India	インディア	V	Victor	ビクター
J	Juliett	ジュリエット	W	Whiskey	ウィスキー
K	Kilo	キーロー	X	X-ray	エクスレイ
L	Lima	リーマ	Y	Yankee	ヤンキー
M	Mike	マイク	Z	Zulu	ズールー

数字のフォネティックコード

文字	識別語	読み方	文字	識別語	読み方
0	ZE-RO	ジー　ロウ	7	SEV-en	セーブン
1	WUN	ワン	8	AIT	エイト
2	TOO	ツー	9	NIN-er	ナイナー
3	TREE	トゥリー	・	DAY-SEE-MAL	デイシマル
4	FOW-er	フォウアー	100	HUN-DRED	ハンドレッド
5	FIFE	ファイフ	1000	TOU-SAND	タウザンド
6	SIX	シックス			

れをパイロットが聞き間違えて、さらに管制官も復唱の間違いをスルーすると、「道間違い」が発生します。そのリカバリーは大変ですし、タイミングによってはヘッドオン（鉢合わせ）や接触など、重大な出来事につながりかねません。そこで、「アルファー・ワン」「ブラボー」「チャーリー」などとフォネティックコードを使うルールになっているのです。

また、パイロットとの交信中に聞き慣れない言葉が出てきたときにも、フォネティックコードで確認する場合があります。よくあるのが、機内で急病人が出たケース。管制官は必要に応じて、具体的な病名を確認することがあります。

たとえば、「てんかん」の発作で倒れた、という場合、てんかんは英語で「epilepsy」です。管制官はいくら英語が堪能だとはいっても、病名などの単語までは把握できていないこともあります。そんなときは、フォネティックコードを使って「エコー、パパ、インディア……」とつづりを伝えてもらうことで理解できます。

航空会社のコールサインにも、フォネティックコードを使うことがあります。

無線で交信する際は、最初にコールサインで呼びかけます。航空会社のコールサインはアルファベット3文字で、ＪＡＬ（日本航空）なら、「ＪＡＬ（ジャパン・エア）○○便、こちら管制塔」と交信を始めます。「ジャル」でも「ジャパンエアライン」でもなく、「ジャパン・エア」としか呼んではいけません。

しかし、ときどきチャーター機など、聞き慣れない会社の便が来ることがあります。そんなときには「THY（タンゴ、ホテル、ヤンキー）〇〇便、こちら管制塔」などと呼び出すことが可能です。ちなみに、「THY」はトルコ航空のことで、コールサインは「ターキッシュ」となります。

個人用や社用のビジネスジェットなども、すべてアルファベットのコールサインがあり、面白いものだと日産は「N155AN（ノベンバー、ワン、ファイブ、ファイブ、アルファ、ノベンバー）」というコールサインの機体を持ちます。数字の「5」が「S」に似ていることから、そのような登録名を使っているようです。

ちなみに管制塔のコールサインは「タワー」。羽田の管制塔は、正式名称である東京国際空港から取って、「トーキョータワー」と決められています。

重大な聞き間違いを防ぎたいときも、フォネティックコードは便利です。たとえば、到着機や出発機に旋回（せんかい）を指示する場合、右旋回なら「ライト・ターン」、左旋回なら「レフト・ターン」といいます。

ところが、意外に思うかもしれませんが、「ライト・ターン」の指示に対して、パイロットが「レフト・ターン」と復唱してくることもあります。音声の単純な聞き間違いのケースが多いですが、「通常、この飛行経路ならレフト・ターンだ」と思いこんでいるため、意識が引っ張られた結果、そう聞こえてしまっているのではないか、とも考えられます。

このような場合も、ライトの頭文字である「R」を強調して、「ロミオ・ターン」と言い換えることで、間違いを正すことができます。

入り乱れた交信を見事に捌く、管制官の手腕

無線での交信は性質上、その周波数をセットしている全機との同時交信になります。飛行場管制であれば、地上管制から受け渡された出発機と、レーダー管制から受け渡されてきた到着機、複数のパイロットが同じ周波数帯で交信します。誰かが送信ボタンを押して電波を発すると、同じ周波数にいるすべてのパイロットと管制官に聞こえるという仕組みです。

前項で触れたように、管制官は交信の最初に、かならず相手のコールサインをいいます。

「ABC100便、こちらは○○管制塔です。○○○○してください」

これが基本の文型です。

コールサインを初めにいう理由、それは仮に同じ周波数に5人のパイロットがいるとしたら、そのうちの誰へ向けての指示なのかを交信の最初に明確にしないと、呼ばれたパイロットがすぐに「自分のことだ」と注意を向けてくれないからです。

逆に、パイロットから管制塔に話しかけるときは、

「○○管制塔、こちらはＡＢＣ１００便です。こちらは今、○○○○です」

となります。相手の名前をいい、自分の名前もいう。管制に限らず、無線のルールです。

管制の無線の特殊な点は、常に複数と交信しているということだけでなく、〝切り替え〟が激しく、メンバーがひんぱんに入れ替わるということです。滑走路担当であれば、離陸許可を出して離陸していった機は出域管制にパスしますし、空港に着陸しようとする機も、順次、進入管制からパスされてやってきます。

パスされたパイロットは、初めてその周波数に合わせて交信するときに、管制塔を呼び出して、この周波数に入ったことを伝達します。これを通信設定といいます。

このとき注意すべきことは、すでにその周波数帯にいるパイロットと管制官の交信にかぶってしまわないようにすることです。すでに無線で交信中のときに別の誰かが送信ボタ

ンを押すと、電波が乱れて混信を起こし、大きなノイズが発生します。

入ってくるパイロットもそれは当然わかっているので、交信が途切れた隙を狙って話しかけるのですが、たまたま、ほかのパイロットからの応答待ちのために間が空いている場合、〝新参者〟はそれを知らないため、交信にかぶせて話しかけてしまい、両方とも聞き取れない状態になることがあります。

混信が起きているとき、管制官がこれをどう〝捌く〟か。じつはそこが「腕の見せどころ」だといえます。

管制官は、現在抱えている（自分と同じ周波数にいる）パイロットそれぞれにとって最適な指示を出しながら、全体の流れを安全に導かなくてはなりません。

そのとき、2人のパイロットが同時に何かをいってきたとします。しかし、ノイズ混じりのため正確に聞き取ることができない。この状況を、どのように巧みに処理しているのでしょう。

聞こえ方によって最適解は異なります。たとえば、ノイズ音のなかで、もしも片方のコールサインだけでも聞き取れていれば、少なくとも1人のパイロットは目星がつくので御の字です。

このときは、聞き取れたコールサインを使い「同時交信発生、ABC便のパイロット、先にお願いします（Go ahead）、他機はお待ちください（Standby）」といって、ABC○○便と先に交信します。そして「ABC○○便、了解（Roger）、ほかの呼び出し符号の方どうぞ」というと、双方の「かぶり」を離すことができます。

しかし、どちらのコールサインも聞き取れない、というケースもあります。その場合、交信のずれを利用して聞き取れた語尾の単語などを拾います。2つの交信は開始時こそ重なっても、言葉の長さは違うことが多く、まったく同時に終わるということはそれほど多くありません。最後の言葉が1つでもわかれば、

「同時交信発生、最後に○○といった人、もう一度お願いします、他機はお待ちください」

といって、当てはまるほうのパイロットに再送させます。

そもそも、管制官は現在の交通状況を把握しており、次にどのパイロットが自分を呼びこんできそうか、だいたいの当たりをつけています。だからこそ、事前予測と集中した聞き取りで切り抜けることができるのです。

この技術が極限まで高まると、混信しているのに両方のパイロットがいっていることが、ときどき識別できるまでに達します。

交信予定のない機が呼んできたら、どうする？

管制官のコミュニケーションは、声だけが頼りです。対面での会議などでは、表情や口の動き、声が聞こえてくる方向などで、誰が誰に向けて発言しているかを感じ取ることができます。しかし、無線交信では音声でしか判断のしようがありません。

もちろん、手元にはレーダーが表示された画面がありますし、外を見れば、交信を行なっている飛行機を自分の目で見ることもできます。また、現在管轄（かんかつ）している便情報のリストも見えます。そのなかで、今、まさにこのタイミングで自分を呼んできそうな機、次の指示をほしがっているであろう機を、頭のなかで予測して絞りこみます。

そして、レーダーなどの「目から得られる情報」と「耳から得られる情報」を整合させて、無線の相手を特定し、状況を把握しながら指示を出します。

しかし、前述のように、自分の周波数帯にいるメンバーは流動的です。今は5人のパイロットと交信していても、いつ6人目が入ってくるかもしれません。6人目が入ってきたときは、聞こえたコールサインと手元のリストを照合して、「今加わった6人目が誰なのか」を確認するわけですが、本来はほかの管制官から交信切り替えの指示とセットになって送られてくるはずの、当該便に関する情報が届いていないことがあります。

さらには、パイロットが管制官から指示された周波数とは異なる管制官を呼びこんだり、コクピット内の装置への入力ミスで呼び出し先を間違えるということもあります。

通常、次に呼びこむ予定の周波数は、パイロットの事前準備の段階であらかじめセットしますが、パイロットが数字を見間違えてプリセット（前もって設定すること）している場合もありますし、混雑しているときにのみ、追加的に使用する周波数もあります。

管制官の交信予定のリストにない機が呼びこんできたときは、便名を正確に聞き取り、現在の位置や要求を把握したうえで、本当に自分が指示してよい対象なのかを管制官同士で確認する必要があります。こうしたさまざまな観察を、管制官は耳だけを頼りに行なわなければならないのです。

そういう意味では、管制官はヒアリングがもっとも重要です。イヤホンから聞こえてくる声には、常に神経を集中させます。すると、しゃべっているパイロットが「見えてくる」ようになります。

日本人なのか、それとも英語のネイティブスピーカーなのかはもちろんですが、同じ英語をしゃべっていても、その発音で国籍の違いまで聞き取れるようになります。パイロットの国籍が特定できれば、相手を識別する情報が1つ増えます。

管制にとって、いちばん大切なのは安全を守ることです。そのためには、自分が管轄しているエリア、周波数の交通状況を常に把握することが肝要です。自分のエリアに今どんな飛行機がいて、自分がそれぞれの機にどんな指示を出し、実際その通りに動いているか監視します。

その把握さえできていれば、間違えて呼びこんできた飛行機がいたとしても、テリトリーのなかを保護するためには何を指示すればよいのか、明確にすることができるというわけです。

交信中のパイロットが突然「消えて」しまうことも…

管制官がパイロットに話しかけても、まったく応答がないことがあります。さっきまで交信していたのに、消えてしまうのです。

管制官が、現在担当している機を次の管制官に受け渡すときは、「(管制を○○に引き継ぐので）周波数○○に合わせて、次の管制官に通信設定（コンタクト）してください」とパイロットに指示します。逆にいえば、この指示があるまでは、周波数を勝手に切り替えてはいけないのです。ところが、パイロットにとっては、このルールが面倒に思えることもあるのです。

前述した通り、周波数をプリセットする事前対応ができるわけですから、次の管制官の周波数を知ることは簡単です。各国が発行する航空路誌（Aeronautical Information Publication：ＡＩＰ）も公表されており、誰でも世界中の空港、空域を管制する管制官の周波数などを閲覧（えつらん）することができます。パイロットは、管制官にいわれるまでもなく、その運航で交信する周波数を事前に知ることができるわけです。

周波数の切り替えはボタン操作で簡単に行なえるので、交信の切り替え指示を受けていないパイロットがうっかり次の周波数帯にセットするということも起こり得ます。しかし、それをされてしまうと、管制官はまさに今、指示を出したいときに指示を出せないという状態になってしまうのです。

そんなときは、どこの周波数に行ってしまったのか、捜索が始まります。隣の管轄エリアを担当する管制官なのか、もう１つ先まで行ってしまっているのか。もしかすると誰も存在しない周波数をセットしてしまい、孤立しているかもしれません。奥の手として国際緊急周波数で探す手段もありますが、ここでは詳細は控えます。

めったに起こることではありませんが、「意図的にいなくなる」かのように感じることもありました。こちらから交信切り替えの指示を出していないのに、知ってか知らずか、周波数を切り替えて次の管制官からの指示をもらっておき、また元の周波数に戻ってくるというケースがあったのです。

管制官との交信は、パイロットにしてみればまどろっこしく感じることがあります。自分に関係のない、ほかのパイロットとのやりとりも聞いていなければならないからです。

着陸を終えたパイロットは、早く駐機場に移動したいと誰もが思っています。早く地上管制官と交信して、次の指示をもらいたい。だから、管制官がほかのパイロットと話している隙に、こっそり抜け出して次の指示をもらっておく。

そして、何事もなかったように戻ってきて、パスされるのを待っているフリをするわけです。そして管制官が許可を出すと「Roger（了解）」と応答していなくなるのですが、そのときにはもう指示をもらっているので、すぐに次の行動がとれるわけです。

私は一度、そのようなパイロットに注意したことがあります。「勝手に周波数を切り替えてはいけない」といったら、「Sorry」と返答がありました。意図的かどうかは断定できませんが、パイロットもまさか、そこまで筒抜けだったとは思っていなかったのでしょう。

こういうケースさえ起こり得るので、あらゆる可能性を考えて、自分の管轄するエリアを安全に保つために、両方の耳を使って常にモニタリングしながら状況を把握する必要があります。無線交信の合間を見つけて、状況のアップデートを継続するのは大変な労力がかかります。

パイロットとの意思疎通を円滑にする、ちょっとしたコツ

ふだんの日常生活でもそうですが、何かを伝えようとするとき、相手が耳を傾ける状態になっているかということがとても重要です。場合によっては、「どんな言葉で伝えるか」という表現より重要なこともあります。たとえば、「話しかけてみたら、返事がうわの空だった。反応がなかった」というようなケースのとき、相手を見たらパソコンで何かの作業に没頭（ぼっとう）していた……そんな経験は誰しもあることでしょう。

人間、頭のなかが別のことでふさがっていると、外から別の情報を入れようとしてもな

かなか入ってこないものです。相手に情報を伝えようとするときは、相手がちゃんと話を聞いてくれる状態にあるのかどうか、それを想像しながら話しかける。日常生活であれば誰もが思い当たる、ちょっとしたコミュニケーションのコツです。

ところが管制の場合、「声だけが頼りで相手の状態が見えない」というところがポイントです。パイロットの仕事をよく知っている管制官であれば、パイロットが今このときに、どんな作業や機内でのやりとりを行なっているかを理解しているので、「完全に」とまではいきませんが、適切なタイミングを図って交信することができます。

たとえば、これから出発する飛行機は、駐機場から離れるためのプッシュバックのあと、管制官から指示をもらって走行を開始しますが、この段階で、パイロットは機体各部の稼働確認を行ないます。航空会社によってタイミングは異なるものの、チェックリストに従って何らかの作業が入ります。

これからフライトを始めるために重要な作業ですから、このときは、パイロットも自分の作業に真剣です。ようするに地上走行を開始してすぐは、コクピットで何かを行なっている、ということです。

このときに、管制官が無線で話しかけても聞き取れない可能性が高いでしょう。日常生活でもそうですが、人間は「思いついたときが、いちばん話したいとき」です。忘れる前にさっさと伝えたいのでしょうが、指示した誘導路を変更したい、間違いを訂正したい、と思っても、「その情報は今伝えなくてはダメなものなのか」を考えるために、ひと呼吸置くべきなのです。そして、地上走行が安定した頃を見計らって交信すれば、意思疎通が強固になります。

着陸の取り止めがあったとき、何か不具合があって地上で停止したいとパイロットが伝えてきたときなどは、当然ながら運航ファースト、管制は二の次になります。常に「その指示、情報はパイロットの作業やコクピット内のやりとりを止めてまで話すような緊急性の高いものなのか」を考えながら交信する、ということも管制官の技術の1つです。

では、どうしたらそれがわかるのか。基本は「相手の立場に身を置いてみる」ということに尽きます。もちろん、管制官はパイロットではありませんから、とにかく勉強するのみです。

管制官には「搭乗訓練」（181ページ参照）と呼ばれる、実際に搭乗してコクピット内の作業を見学する機会が与えられます。私は可能な限り、この制度を使いました。また、航空関連のＤＶＤを見て勉強したり、実際に知り合いとなったパイロットと会話をくり返すことで、相互理解を図っていました。

さらには、自分の経験した出来事を振り返り、学ぶ努力も重要だと思います。パイロットに「もう一度お願いします（Say again）」といわれたら、なぜそういわれたのかを考えます。単純に用語が聞き取りづらかった、情報量が多すぎたというケースのほかに、もしかしたら「今は聞ける状態ではなかった」という可能性も考えられます。

もしも、特定のタイミングで「Say again」といわれることが多いなら、そのタイミングには何があるのか、疑問を持って調べる積極性が必要です。管制官とパイロットの交信は録音、保管されています。私は、テープレコーダー室で自分の声を聞き直したとき、特定の単語の子音（しいん）が弱く、相手に聞き取りづらいということを自覚した経験があります。

パイロットから信頼される管制官、されない管制官

パイロットとの交信のなかには、「なるべく無くしたい」言葉があります。その1つが「確認します（confirm：コンファーム）」。交信が聞き取れなかった、意味がわからなかったときに「confirm〇〇〇」と聞き返すのです。

管制官がパイロットに対して聞き返す場合もありますが、たいていは、パイロットからのコンファームです。管制官のいった言葉が聞き取れない、もしくは「その指示でいいんですね？」という疑問も含めて、パイロットはコンファームを返してきます。

コンファームは少ないほうがよいに決まっています。ゼロが理想です。コンファームをされないためには、声が聞き取りやすいこと（タイミングも含めて）、交信の内容に過不足がないこと、指示がリーズナブル（納得できる）であることなどが必要になります。

これらの要素がそろう交信を心がけていると、コンファームがゼロになる時間帯があります。どんなに混雑していても、すべての交信がスムーズに伝わるのです。

管制官が落ち着いた声で、無駄なく、交通の流れを止めないように交信していると、パイロットの心のなかには「この管制官なら、余計な疑問を持たずについていけばいい」という信頼感が生まれ、その空気は交信しているすべてのパイロットにも共有されるように感じます。その空間のなかでは、何をいっても100パーセント聞き取ってくれるようになります。

パイロットも常に周囲の状況を見ています。たとえば、地上管制の場面で「○○の位置で止まれ」と管制官から指示がくれば、「なぜだろう？」と考えます。そして、いつになれば自分に指示がくるか、「当たり」をつけます。

そして、動き出したパイロットの疑問が「指定された○○の位置で待たされることへの不満」に変わる直前、ちょうど関連する飛行機が視界に入ってきたときに、「その飛行機の後ろをついていけ」と追加の指示を出します。

そうすると、パイロットは○○の位置に到達する前に、次の指示を得ることができるので、「止まれ」とはいわれたが、実際には止まらずに遅延も発生しない、ということになります。このような経験を重ねるうちに、「この管制官は、すべてを読み切っているから信じて大丈夫」――そんな心理状態になることがあるのです。言葉で説明するのはなかなか難しいですが、管制官による鮮やかな指示は、パイロットも意気に感じ取ってくれます。

逆の場合もあります。まだ経験が少ない管制官が、緊張して声がうわずっていたりすると、パイロットも指示を一応復唱しますが、その後も警戒しながら行動することでしょう。

そうなると、どうしてもコンファームが多くなります。「(接近中の飛行機がいるけれども)このまま先に走行してよいか?」などと確認してきます。

パイロットが管制官を信頼しているかどうか、それを知る目安は、パイロットからの交信の頻度です。パイロットは通常、管制官に話しかけてくることはほとんどありません。

管制官が指示または許可を出し、それを復唱する、というのが基本的なやりとりです。

たとえば、コンビニエンスストアで買い物をした客が、いったん店の外に出たあと、また戻ってきて店員に話しかけてきたら、その店員は商品やサービスに不具合があったのではないかと疑うことでしょう。普通は戻ってこないはずですから。

管制官も同じです。パイロットのほうから「呼んでくるはずのないタイミングで」呼んできたときには警戒します。何か異常が見つかった、機内でトラブルがあった、空港へ引き返したいなど、イレギュラーな要求がある可能性が考えられるからです。

管制官がパイロットの信頼を失うと、パイロットはどんどんコンファームを使うようになります。当然、交信の回数も多くなります。そのあいだも飛行機はどんどん動いているのですから、タイミングを逃(のが)しがちになり、指示も後手(ごて)に回ります。

管制官は〝指揮者〟です。取り回しがうまくいくかどうかで、一体感は様変(さまが)わりします。

「パイロットが指示を欲しがるタイミング」を予測する

複数のパイロットと同時に交信するとき、管制官が心がけておくべきなのは、誰がどのタイミングで指示をほしがるのかを先回りして予測するというテクニックです。

たとえば、飛行機が着陸して滑走路を抜けると、飛行場管制から地上管制に交信がパスされます。このとき、パイロットはすぐにでも地上管制と交信を始めたい心理状態になります。早く滑走路から抜けるための指示をもらうために、すぐに地上管制の無線に入りたいわけです。

また飛行場管制も、地上管制から、滑走路を抜ける最中の飛行機に対して次の動作に移るための指示を早く出してほしいと考えています。地上の誘導路で引っかかっていると、到着機は滑走路にとどまらざるを得なくなり、滑走路が空くのを待っている次の到着機や出発機に影響を及ぼしかねません。だから、早く地上管制と交信を開始してほしいのです。

そんなとき管制官は、パイロットとどのようにタイミングを合わせるのでしょうか。

1つは、わざと隙間をあけてあげる気づかいをすることです。管制無線は複数のパイロットが同じ周波数で交信しているため、1人のパイロットと交信しているときは、ほかのパイロットが割りこむことはできません。そこで、このタイミングで優先すべきパイロットからの交信が入ってきそうだと思ったら、先回りしてほかのパイロットへの指示を済ませておき、誰も話さない静かな時間をつくっておくのです。

そのタイミングの読み通りに、新しいパイロットが周波数をセットすれば、すぐに管制官に話しかけることができ、管制官からもすぐに指示を出すことができます。

上空にいる飛行機に指示を出す場合も同じです。たとえば、管制官からパイロットに高度3万フィート（約9144メートル）で飛行することを指示していたとします。そのパイロットが飛行計画書に記載した要求高度が3万より上だとすれば、2万9000フィートあたりにくると、パイロットはさらに上昇する指示がほしくなります。何度も同じ空域を飛んでいるパイロットであれば、高度だけでなく、どのあたりで自分の機が次の管制官に受け渡されるのかもよくわかっています。

相手がほしいタイミングで、確実に指示を出せるかどうか、それもまた管制官の技術です。パイロットにしてみれば、ほしいと思ったときにきちんと指示がくれば、管制官への信頼につながります。

ようは、心理の先読みです。パイロットがそろそろ次のことを気にし始めるタイミングを読んで、ギリギリ一歩前に指示を出す。そうすれば、パイロット側に「この管制官は自分の機の動きをちゃんと見て、把握している」という安心感が生まれます。こちらが相手のペースに合わせることで、逆に相手をコントロールすることができるわけです。

指示が遅れる場合は、その理由を明らかにする

とはいえ、管制官は常にパイロットに合わせてばかりはいられません。相手がほしいタイミングで指示が出せないシチュエーションも当然あります。そのような場合は、聞かれる前に先に理由を告げておきます。

たとえば、滑走路手前まで来ているのに、管制官から滑走路進入の指示がこない。それが何分も続けば、パイロットは、いつになったら離陸できるのかを聞きたくなります。ですから、その理由をあらかじめ知らせておくわけです。「2機先に到着したあとの出発予定だから、5分程度遅れます」と伝えておけば、パイロットも疑問を持たずに待機することができます。

これは、各パイロットに個別に伝えるケースもあれば、全機に同時に伝えるケースもあります。空港周辺の上空空域にいる飛行機に対して、「全機に告ぐ。滑走路の変更をするので遅延が発生する見込み」というような情報を一斉送信してから、個別の交信を開始するのです。

緊急機が発生した場合も同様です。「緊急機が到着後に滑走路点検のため閉鎖します。点検開始後、10分ほどで再開の見込み」などと、全機に向けて一斉に情報をアナウンスします。なお、一斉に伝える際には「All stations（すべての無線局へ）」と前置きします。全機に事情を説明してしまうことで、コンファームを減らすことにもつながります。

相手の認識違いを防ぐ「復唱のテクニック」とは

ふだんの会話のなかで誰かに、「○○していいですか？」と聞かれたとき、あなたは、どのように返しているでしょうか？ もっとも短く、簡潔に答えるとすれば「どうぞ」でしょう。しかし、管制の場合は「どうぞ、○○してください」と、あえて同じ言葉をつけ加えるテクニックがあります。

「Request ○○」

に対して、もっとも短い回答は、「approved（承認します）」です。

ここで、あえて「○○ approved」と、相手の言葉をそのまま借りて返してあげることが有効な場合もあります。

どちらもコミュニケーションとしては間違いではありません。しかし、ただ「承認します」だけで返すと、パイロットの側にわずかな不安が残ります。自分のリクエストしたことが正しく伝わっていないかもしれないと考えるからです。

管制官は、パイロットの言葉を復唱して、「どうぞ、○○してください」といってあげたほうが意思疎通は強固になります。さらにいえば、管制官が間違って認識していた場合、パイロットに「○○の要求ではなく△△です」と訂正する機会を与えることができます。

管制は、言葉が頼りのコミュニケーションです。そして、シチュエーションによっては万が一の間違いも許されません。確実な意思疎通を得るにはどうしたらいいか、ということを、管制官は常に考えているのです。

相手の誤解を解きたいときに重要な考え方とは

相手が誤解しているとわかったときに、管制官はどう対処するのか。これは意外と重要です。たとえばパイロットが、

「Request time of approach（着陸へ向けた降下〈＝アプローチ〉の開始時間を教えて）」

と聞いているのに対して、管制官から、

「ILS RWY34 approach（アプローチの種類は滑走路34へのＩＬＳアプローチです）」

と、まったく違う答えが返ってきたとします。このとき、ほしい答えを得るために、パイロットは続けて何と聞けばよいのでしょうか。

この管制官は「time（時間）」を「type（種類）」と聞き違えていることに気がつけるかどうかが最初の関門です。そのことに気がつかないようでは、もう一度、

「Request time of approach」

と同じ質問をしてしまうことになるでしょう。もし、私がパイロットだったら、２度目はこういいます。

「What time do you expect for approach（何時のアプローチになりそうですか）」

相手が聞き取れていない、もしくは間違って聞こえているのなら、違う言い方をしてあげればいいのです。

いちばん大事なポイントはやはり、「相手の立場に立って思考する」ということだと思います。「自分は正しい英語を話している。聞き取れないのはあなたが悪い」という心理がどこかにあれば、わざわざ違う言い方をすることはしないでしょう。でも、この会話の目的

は「迅速(じんそく)に自分のほしい情報を相手から引き出す」こと。そのために、合理的な行動をとればよいのです。

自分の立場にこだわらず、相手の立場に立って気持ちを汲(く)めるか。そして柔軟に自分のやり方を変えていけるか――ということが、誤解を解くうえでは重要だと思います。

「何もいわない」ことが事故を防ぐケースもある

飛行機の話ではありませんが、2015年にスペインで、とある事故が起きました。バンジージャンプに挑戦しようとしていた女性が、命綱が固定される前に誤(あやま)って跳(と)んでしまい、亡くなったというものです。インストラクターの「No Jump(跳んではダメ)」という言葉を「Now Jump(今、跳びなさい)」と聞き間違えたのです。

勘違(かんちが)いが生んだ悲劇といえますが、私はこのニュースを見たとき、インストラクターの立場を管制官に置き換えて複雑な心境になりました。

インストラクターは、いったい何といったらよかったのか。私は「何もいわない」が正解だったと思います。「No Jump」と言葉を発したから、「Now Jump」と間違える余地が生まれたのであって、何もいわなければ、そこで女性が跳び出すことはなかったはずです。

おそらくは「No」と「Now」を聞き間違えたというより、非常に緊張した心理状態のなかで、「Jump」の一語に反応してしまったのではないかと思うのです。「『Wait（待て）』といえばよいのでは」と考える人もいるでしょう。ところが、緊張した心理状態では、声をかけることすら危険ということがあります。

じつは、このバンジージャンプと同様のことが、過去に起きた重大インシデント（事故には至らないものの、事故が発生するおそれがあったと認められるもの）の報告書に記載されています。

管制官が、これから出発する機に対して、

「Hold short of runway, report when ready（滑走路手前で停止しなさい。〈出発の〉準備ができたら知らせてください）」

と指示しました。前述したように、これから離陸する飛行機のコクピット内では、チェックリストや最終的な確定重量にもとづく離陸速度の計算など、やるべきことがたくさんあります。

成田や羽田のような巨大空港では、滑走路まで最低でも15分ほどの地上走行時間があるので、そのあいだに離陸前の作業を済ませることができますが、地方空港の場合、滑走路の手前に来てもまだ、作業が終わっていないことがあります。

管制官としては、パイロットから「準備ができた」と報告をもらった時点で、到着機の前に離陸させることができるかどうかを考えるので、「report when ready（準備ができたら知らせてほしい）」とつけ加えるわけです。

ところが、この「report when ready」に反応して、離陸許可が出ていると勘違いしてしまい、滑走路に誤って進入してしまったというインシデントが過去に起こっています。

もう1つは、「Standby for departure（出発を待機してください）」です。こちらも「departure」に反応して、離陸許可が出たと勘違いしてしまった事例があります。

ここでの教訓は何でしょうか。それは、「人は言葉の意味ではなく、位置とタイミング、そして自分がしたいこと、ほしい言葉などに影響されて解釈してしまうことがある」ということです。

言葉が正しかったとしても、受け取り手がその通りに認識するとは限りません。だからこそ、何もいわないことが、いちばんの防御策ということもあるのです。

3章 ルールと現実の狭間で最適解を出す

航空管制の「原則」は何によって定められている？

管制における〝原則〟は何によって定められているのか。それは「管制方式基準」です。管制官が従うべき内部規定のようなもので、さまざまなシチュエーションでの指示の仕方、そのときに使用する用語、最低限確保しなければいけない飛行機と飛行機の間隔などが定められています。トータルで400ページ弱もの分量があります。

たとえば、着陸許可は原則、滑走路から2マイル（約3・2キロメートル）の地点までに発出（はっしゅつ）するものとし、「cleared to land」の定型用語を使うことが定められています。

しかし、「航空管制のバイブル」ともいわれるこの冊子（さっし）が、飛行機が直面するすべてのシチュエーションを網羅（もうら）しているかというと、そんなことはありません。気象条件1つとってもさまざまな事態が起こり得ますし、トラブルにしても軽いものから緊急事態まで、無数のパターンがあります。そんな1つひとつの状況に対して用語を定めるのは限界がありますし、それらを完全に暗記するのは、もっと気が遠くなります。

たとえば、パイロットから緊急着陸の要請があったとします。管制官としては「要求は了解したが、いったいどういう状況なのか」を確認する必要があります。

　エンジントラブルなのか、火災の可能性はあるのか、それとも急病人がいるのか。その内容によって、地上で消防車を待機させるべきか、着陸後に機体を移動させるための準備が必要か、ほかの飛行機の出発を停止させるべきか、救急搬送の手配が必要かなど、対応の仕方が異なるからです。

　このとき、理由を聞くなら、

「request reason for emergency（緊急の理由を知らせてください）」

もしくは、

「request nature of trouble（トラブルの性質〈内容〉を知らせてください）」

という言葉を使います。

　これらの緊急時に使用する用語は、よく使われるものの、じつは管制方式基準には掲載されていません。しかし、管制官は状況に合わせた適切な対応が求められます。その根拠として、管制方式基準にはこんな一文が載っています。

「管制官は業務の実施に当たって、この基準に載っていない事態に遭遇した場合には、最良の判断に基づいて業務を処理するものとする」

つまり、かならずしも原則が通用する状況ばかりではないので、そこは管制官各自が考えて「最良の判断」をせよ、といっているわけです。

これはじつに重い言葉です。管制官が個人の裁量で対処せよ、しかも判断は「最良」でなければならない。ようは「現場で何とかしなさい」といっているようなものです。

私自身、ときに定型用語が伝わらないと判断したら〝定形外〟の言葉に言い換えるなど、安全と効率のために、あえて原則とは異なる判断をくだすことがありました。それも、「最良の判断」をせよ、という基準に則って行なったつもりです。

「管制方式基準に掲載されていないが、現実には起こる状況」の例を、もう少し挙げておきましょう。空港では毎日、滑走路点検を行なうことが定められています。滑走路上に異物などが落ちていないか、ひび割れはないか、飛行機が離着陸を正常に行なえる状態になっているかどうかを、1日2回点検することが国際ルールで奨励されています。

この点検を実施する際に使用する言葉も、管制方式基準には載っていません。一般的には、滑走路点検は「runway inspection」と呼んでいますが、それ以外は定まった言い方がないのです。「runway check」という言葉もあります。

また、「滑走路点検が始まりました」「滑走路をクローズします」「滑走路に異常はありませんでした」「滑走路は、今開きました」——これらの言葉も、定型用語で決まったものはありません。さらに、2章で触れたパイロットとの交信が重なってしまったケースは、現場では「ダブルトランスミッション」や「ダブルコンタクト」などと呼んでいますが、この言葉も管制方式基準には見当たりません。

気象関係も同様です。基本的な用語こそ定型化されていますが、悪天候1つとっても各空港の立地条件や雲の状況、風向きなどによって表現は異なります。すべての気象状況を網羅するルール化は現実的ではありません。

結局、原則を定めて定型化するということは、コミュニケーションを確実にするために有効な方法ではありますが、半面で限界もあるともいえます。いちばんの目的は、相互が同じ認識を持つこと。定型用語よりも、自分たちが経験で得てきた言葉のほうが伝わりやすい、という場合もときにはあるのです。

成田には、アメリカのパイロットがよく飛んできます。ふだんアメリカで飛んでいるパイロットにはアメリカの航空当局（FAA）で使用される定型用語があり、日本で使われている表現と微妙に異なることがあります。

そんなときは、こちらもわざとアメリカ流の表現を使う、という工夫もします。そのためには当然、ＦＡＡの管制方式基準も勉強しなければならないのですが……。

マニュアルにない言葉は絶対に使ってはいけない？

管制で使われる用語は原則として決まっている、と述べましたが、これもやはり「原則」であって、離着陸の許可などの重要な用語を除き、「かならず、そういわなければいけない」ということはありません。

私なりの解釈ですが、定型用語はときに高度な単語が含まれており、英語が苦手なパイロットが聞き取れなければ意味がありません。その状況もまた、私は「最良の判断」で乗り切る気持ちで、あえて英語レベルを下げることを行なっていました。

たとえば、「expect（予期する）」という管制用語があります。

「5 minutes delay expected（5分の遅延予定）」

というように、わりとひんぱんに使われますし、管制方式基準でも多く登場する正式な管制用語です。しかし、この「expect」という単語、いくらでもより簡単な言葉で表現できます。たとえば、「will」を使って、

「Delay will be 5 minutes」

とか、あるいは、

「It will take 5 minutes」

などと、基本的な単語だけでもわかるように言い換えることが可能です。

正式な管制用語ですから、「それをしっかり聞き取ることができない、理解できないパイロットが悪い」といってしまえば、それまでです。しかし、管制でいちばん大切なことはコミュニケーションを円滑にすることであって、いくら正しい言葉を使っても、相手が理解できず、間違った行動へと導いてしまうようではまったく意味がありません。その結果は、結局は自分に返ってきます。

ですから、まず相手にわかるように話す、これが基本です。これは日常生活では誰もが当たり前にしていることだと思います。ビジネス会議で話すときと、近所のお年寄りと話すときでは、誰でも言葉の選び方を変えるでしょう。

それが航空管制となると、定型用語でなるべく押し通したくなってしまうのです。なぜなら、それが「自分の身を守る正しい方法」だから。あえて外れたことを行なった結果、トラブルが起きた場合には、「なぜ、原則に従わなかったのか」と責められる隙（すき）を与えることになるわけですから、当然の考え方ではあります。

しかし、「航空管制の本当の目的は何か」を考えれば、おのずと答えが出るはずです。「伝わらなければ意味がない。いや、伝われば、もうそれでいい」と割り切れるかどうかが重要だと思います。さらにいえば、管制室ではほかの管制官もパイロットとのやりとりを聞いているので、どうしても、きちんとした管制用語を使いたくなります。

周りを気にすることなく、原則を無視してでも、相手のパイロットがいちばん理解しやすい言葉を選ぶ——これはある意味、間違った考えなのかもしれません。それでも、相手に理解しやすい言葉を選択することこそが、ルールを超えた「コミュニケーションの原則」であると私は考えています。

日本語を使って交信するケースはある?

「伝わればそれでいい」という意味でいえば、シチュエーションによっては英語ではなく、日本語を使うこともあります。

これはときに、英語を母国語としないからこその利点があります。それは、「いざとなれば日本語も使える」ということです。ここだけは日本語のほうが理解しやすいのではと思ったら、英語から日本語に切り替えられる、いわば〝いいとこ取り〟の二刀流です。

たとえば、こんなシーンがありました。空港にポツンとマーキングがしてある「H」の文字。ヘリコプターの着陸場へ向かうヘリコプターに指示していたときのことです。

着陸許可はすでに出ていて、あとは降りるだけです。降りるべきヘリパッドはもう目の前にあったのですが、どうも高度が高く、迷っているように見えました。

ここで原則に従うなら、管制官は何もいわないのが正解です。着陸許可は出している。パイロットは当然プロだから、わかっている。むしろ、何か呼びかけるほうが失礼にあたる——というわけです。

あるいは、英語で付加情報として、

「Your landing point is right there（あなたの着陸場はすぐそこにあります）」

とでもいうべきでしょう。

しかし、私は迷っているパイロットに小難しいことをいっても、余計に混乱させるだけと判断し、「真下に見えている場所、そこが降りる場所ですよ」と日本語で交信しました。

パイロットは「Roger（了解）」とひと言返すのみ。内心、余計なひと言だったかもしれないと思いながら、次の管制官と交代して休憩に入りました。

休憩後に管制塔に戻ると、上司から「先ほどの珍しいヘリコプターのパイロットが、ついさっきまで研修の一環で管制塔の見学に来ていた」といいます。パイロットは管制塔に入るなり開口一番、「ここの空港には、パイロットの気持ちがよくわかる管制官がいるんですね」と大きな声でほめてくれたそうです。

あえて日本語で伝えた、あのひと言がパイロットを落ち着かせ、無事に着陸に至ったのですから、上司から感謝の言葉を伝え聞いた私の感激もひとしおでした。

ふだん英語を使っているからこそ、いざというときに日本語が生きてくる、というメリットもあると私は思います。

離陸は、どのような手順で許可される？

航空管制の原則でいえば、「滑走路は同時に2機の飛行機が使用してはならない」ことになっています。しかし、実際には滑走路上に2機同時にいるケースはあります。

それは1機目が離陸滑走をしているとき、まだ滑走路の末端に達しない状態で、次に離陸する飛行機を滑走路に入れる、あるいは、離陸した飛行機が浮き上がると同時に到着機が接地する、という場合です。このようなケースは、滑走路内に実質的に2機いることになりますが、問題ありません。

では、管制官はどのタイミングで、着陸許可、離陸許可を出してよいのか。いちばんはっきりしているのは、「今この滑走路から着陸または離陸をしたとしても、安全であることが確定した」ときです。

離陸許可のタイミングは、到着機が降りて滑走路を抜けたあとか、出発機が飛び立って滑走路の直上からいなくなったあと、通常はこの2パターンです。なお、先に離陸した飛行機が、右または左に旋回して滑走路から離れたら、その時点でもう離陸許可を出すことが可能です。正確にいうと、離陸許可そのものはもう少し早めでもよく、飛行機の離陸滑走開始時点で前述の状態になっていればよいのです。

ただし、内陸にある空港の場合、地域の騒音対策で、離陸したあとにしばらく直線で上昇しなければならないことがよくあります。海上空港であれば、むしろ早めに旋回しながら海上にいるうちに高度をどんどん上げていきますが、内陸の空港では、旋回もできる状況であっても、騒音を最小限にするために直線で飛ばなければならないのです。

このような場合は、滑走路の出発方向末端を抜けた時点で、次の飛行機に対して離陸許可を出すことができます。滑走路の長さは空港によって異なりますが、長いところでは4000メートルくらいあるところもあります。

長い滑走路を持つ空港では、離陸して、機体が路面を離れても、しばらくは滑走路上を飛んでいるので、末端を超えるまで次の飛行機は待機することになります。

離陸時の間隔については、もう1つルールがあります。それが「後方乱気流管制方式」です。飛行機は離陸時にエンジンの性質上、ジェットブラストや翼端から生じる渦により、後方に強力な気流の渦を発生させます。これを「後方乱気流」といいます。この乱気流が、後方にいる飛行機に影響して大事故を誘発することがあるのです。

2001（平成13）年、アメリカのニューヨークケネディ空港で、アメリカン航空の飛行機が、前方を飛行していた日本航空のジャンボ機の後方乱気流に巻きこまれ、その対応を誤り、墜落しました。乗員乗客260人全員死亡という大惨事になっています。

この後方乱気流の大きさは、飛行機の大きさ（最大離陸重量）で決まるので、先に離陸した飛行機が大きく、後続機が小さい場合、機材の組み合わせごとに分類された後方乱気流間隔をとらなければならず、先行機が離陸したあとに追加で待機させる必要があります。

後方乱気流間隔ルール

先行機	後続機	最小間隔
A380	ヘビー機(A380を除く)	6nm
	ミディアム機	7nm
	ライト機	8nm
ヘビー機(A380を除く)	ヘビー機(A380を除く)	4nm
	ミディアム機	5nm
	ライト機	6nm
ミディアム機	ライト機	5nm

1nm=約1.8km

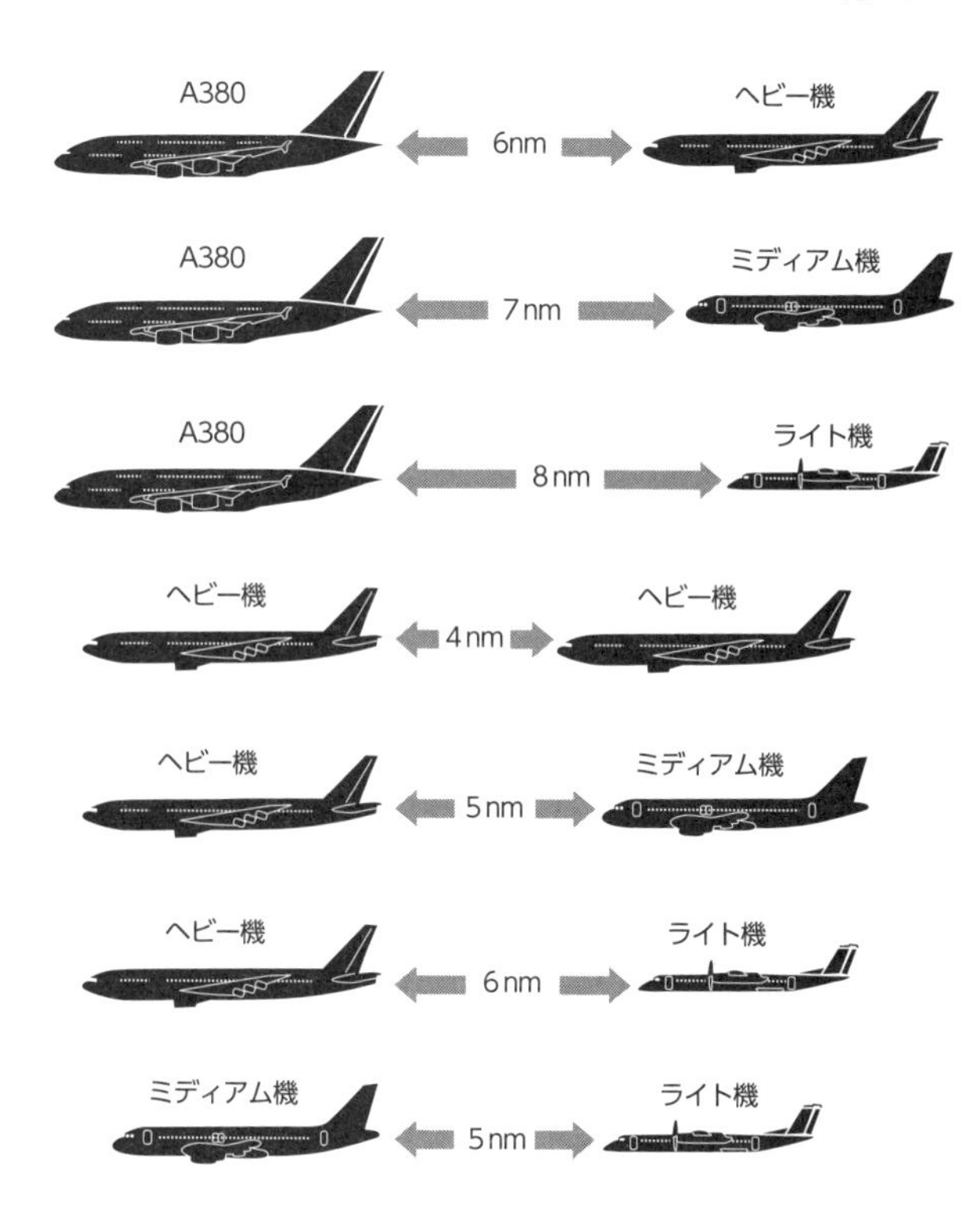

着陸は、どのような手順で許可される?

着陸については、その到着機が降りるまでに滑走路を使用するであろう飛行機が明らかにいなければ、すぐにでも許可を出すことができます。出発機のあとに着陸する場合は、出発機が滑走路の末端から抜けた時点、到着機のあとに着陸する場合は、前の到着機が着陸、接地して、滑走路から抜けた時点で、着陸を許可することができます。

ただし、この原則に従っていると困ることもあります。混雑する時間帯では、到着機が滑走路に接地してから抜けるまで、出発機が滑走を開始してから浮遊するまでを約90秒とすると、ギリギリの間隔で詰めこまないと捌(さば)き切れないのです。それなのに、先行機が滑走路上から完全にいなくなってから着陸許可を出すという制限があると、後続機は滑走路を目前にするところまで来てようやく、着陸許可が出ることにもなり得ます。

これではパイロットも、気が気ではありません。そのため、着陸許可には予測で出せる特例があり、管制官が「その飛行機が降りるときには滑走路は安全だ」と確信しているのなら、着陸許可を前もって出すことが可能です。この間隔のことを、滑走路における「予測間隔」といいます。

具体的には、先行機が出発機で、離陸滑走の開始を目視した瞬間、「これが離陸する頃には到着機とのあいだに滑走路1本分の間隔ができる」と予測した時点で、着陸許可が出せるということです。連続する到着機にも適用が可能です。

この予測による着陸許可が認められる理由は、無線の性質も関係しています。前述した通り、管制官は同じ周波数で複数のパイロットと交信しています。出入りも激しいので、あとから入ってきたパイロットが突然割りこんできたり、交信が重なったりすることもあります。すると、「滑走路は空いているのに、管制官が許可を出せないために降りられない」ということも十分に起こり得ます。

そうなれば「ゴーアラウンド（着陸復行）」です。着陸できる態勢なのに、許可が間に合わなかったがゆえにゴーアラウンドというのは、効率的ではありません。

なお、この予測間隔を使った着陸許可を出すときは、あくまで条件付きの着陸許可であることを、パイロットに伝えなければなりません。「今、出発機が滑走を始めましたが、もう安全な状態になると予測して、着陸許可を出します」という内容になるのですが、これを英語でいう場合の表現としては、

「Departure traffic starting roll, runway 34 cleared to land（出発機は離陸滑走を開始、滑走路34への着陸を許可）」

となります。こんな長々とした意味を端的（たんてき）に伝えられることも、管制が英語を基本にしておいたほうがよい理由だと私は考えています。

管制官による「着陸許可」が「指示」ではない理由

そもそも「着陸許可」というものは、管制官がいる空港では管制官が判断して出すものです。しかし、実際はレーダー管制から飛行場管制に交信がパスされた時点で、パイロットも着陸する前提でいるわけです。なかには、着陸許可をなかなかもらえないからと「着陸許可はどうですか？」と請求にも似た確認をしてくるパイロットもいます。なお、管制官がいない空港における着陸の判断はパイロットが責任を持ちます。

考えてみれば、おかしな話なのです。着陸「許可」であって「指示」ではないのですから、最後はパイロットが判断することになります。そうであれば、管制官は「着陸不可」だけを示せばいいはずです。実際、ゴーアラウンドは管制官による「指示」です。地上の滑走路を管理している管制官が、滑走路が安全な状態にあるかどうか、安全な間隔が確保できているかどうかの責任を有する証(あか)しだといえます。

機上のパイロットにはわからない、空港の事情がやはりあります。だから「今降りるのは危険です。上昇してやり直してください」という指示は、管制官が責任を持って出すべきなのです。

前述の通り、着陸許可は予測でも出すことが可能ですし、先行機がまったくいなければ着陸10分前でも出すことができます。とはいえ、ゴーアラウンドを指示するその瞬間はいつ訪れるかわからないので、「何のための着陸許可なのか」と思うときがあります。

なお、ゴーアラウンドは、すべて管制官の指示によるものではありません。強風の日などにゴーアラウンドが発生することがありますが、これは管制官が天候を見て、「今は強風で着陸は無理だから、降りないように」と指示しているわけではないのです。強風によるゴーアラウンドは、パイロットの判断になります。

なぜなら、管制官はパイロットの〝運航制限〟を知らないからです。運航制限とは、航空機が耐えられる条件のことです。機体性能やパイロット、そして航空会社の運航規定によって定められています。

たとえば、同じくらいの風の強さでも、A航空ならゴーアラウンドするけれども、B航空なら降りるという判断をするかもしれないのです。条件が一律ではないので、管制官にも決められません。そういったことも含めて、着陸は「指示」ではなく「許可」なのです。気象条件に対する耐性はそれぞれです。だからこそ、管制官は気象条件を理由に「ゴーアラウンドしなさい」という指示は出せないのです。実際、悪天候で着陸が難しいという状況のときは、パイロットがみずから判断して、着陸を取りやめます。「当機は着陸を取りやめます。次の指示をください」と、パイロットから管制官に伝えます。

くり返しますが、大事なのは「着陸許可はあくまで『許可』であって、『指示』ではない」ということです。数百人の乗客を乗せて、実際に操縦しているのはパイロットです。管制官は、自分が操縦しているわけではありません。そのような意味では、管制官はサービス業といってもよいかもしれません。

管制官がパイロットの要求を断るシチュエーションとは

サービス業だから、パイロットのリクエストを管制官はすべて許可するのかというと、そんなことはありません。「ここは譲(ゆず)れない」ということも当然あります。要求に対して、「unable（それはできません）」と断ることもあります。

リクエストを断るときには、それなりの理由があります。安全、公平、中立の原則に反する場合、そして、自分自身が処理しきれないほど、負荷が高まってしまう場合です。

たとえば、航行中の旅客機からショートカットのリクエストが来た場合、交通状況としては問題なく直行できると思っても、そのとき自分の担当している飛行機が多数あって、よく見張っておかないと冷静な反応ができないくらいの状況ならば、断ることがベターです。1機の要求に対応するために、ほかの機への対応が疎(おろそ)かになれば、本末転倒です。

パイロットからのリクエストがあれば、なるべくその通りにさせてあげたい、というのが人情でしょうが、すべてのリクエストに応えることで、交錯(こうさく)するポイントが増える可能性もあります。原則を外すということは、自分の負荷を高めることにもなるのです。サービスレベルを上げるかどうかは、管制官の裁量です。

いちばん負荷がかからない方法は、すべて「原則通り」に飛んでもらうことです。余計なことは考えず、飛行計画書通りのポイントを通過してもらい、ほかの機の空路と干渉しそうになったときのみ指示して回避させる。これが、もっとも簡単な管制官の仕事です。

滑走路に到着機が近づいている。出発機が列をつくって待機している。到着の前に離陸させても安全な間隔があるか微妙なタイミング……こんなときも、もっともシンプルで簡単な判断は、到着機が完全にいなくなるまで離陸させないこと。そのあとで、ゆっくり出発してもらうわけです。

実際、到着機が連続して接近してくるケースはよくあります。たとえば、出発機が待機しているときに5機の到着機が規定の間隔ぎりぎりで来ているとしたら、1機目の到着機の前に出発できなければ、5機すべて降りてからでないと出発できません。この場合、到着機は約90秒～2分間隔で連続するので、出発機の離陸は約10分遅れることになります。

もしも、1機目の到着前に出発できれば、遅延は生じません。ぎりぎりのタイミングのときに、出発機を到着機の前に出すか、それともあとに出すか。かならず間に合うという裏づけがないなかで、判断を迫（せま）られます。そして、その結果は自分で責任を負うのです。

規定に従っても、事故が起きては意味がない

これまで、原則にこだわらず柔軟であるべきと述べてきましたが、じつは私自身、これ

だけは頑なに守ってきたという「原則」があります。それは「Hold short of runway（滑走路手前で待機）」はかならず復唱させる、ということです。

誤解が生じないように先にお伝えしておくと、「原則」には、調整をして外してもよいものと、調整しようがないものがあり、今回の話は後者です。

「Hold short of runway」とは、滑走路担当の飛行場管制官が、出発機を滑走路の手前で待機させる際に使用する管制用語です。

管制方式基準では、出発機が「滑走路に遅滞なく進入させて離陸のための待機をさせられるか、もしくはそのまま離陸させることができない場面においては、滑走路停止線手前で待機させる指示を出すものとする」というルールが定められています。このときに、管制官は「Hold short of runway」と指示し、パイロットはこれを復唱するという決まりになっています。

いったん待機したパイロットに対し、滑走路に進入してもよいという状況になれば、管制官はあらためて進入を許可します。

なぜ、この「Hold short of runway」の復唱が重要なのかといえば、実際に過去の事故・重大インシデントにおいて、管制官がこの言葉を発していたにもかかわらず、パイロットからの復唱のなかに含まれていなかったときに、滑走路へ誤進入した事例が多数あるからです。

「Hold short of runway」は、明らかに「止まれ」といっているわけですから、信号でいえば「赤です」という意味です。これと混同しやすい指示に、

「Taxi to holding point Runway○○（滑走路○○の「停止位置」〈停止線〉まで向かってください）」

があります。これは「信号まで行ってください」ですから、信号が赤なのか青なのかには言及していません。しかし、管制用語のルールでいえば、停止線まで行くことを指示しているだけで、滑走路への進入までは許可していないのです。

「Taxi to」という用語は、管制方式基準を熟知していればその手前までの指示であることがわかりますが、日常会話的なニュアンスで捉えると、停止線の手前なのか少し線に乗っかっても平気なのか曖昧に感じます。

2024（令和6）年1月2日に起きた、羽田空港航空機衝突事故で国土交通省が公表した交信記録には、海上保安庁の航空機へ「Taxi to holding point」の指示はありましたが、「Hold short of runway」の指示及び復唱は見当たりませんでした。

前述したように、過去の重大インシデント調査において、「Hold short of runway」の復唱が行なわれていなかったケースが複数報告されています。それをふまえて、2012（平成24）年に管制方式基準が改正され、滑走路手前で待機させなければならない状況になる場合には、管制官はパイロットに「Hold short of runway」の指示を出し、パイロットはこれを復唱することを強調した規定になりました。ただし、出発機に対して地上走行中のいつの段階で管制官が、その指示を出すかは指定されていません。

私は過去の大小さまざまなインシデントやこの規定を参考に、自分がかならず守るルールを決めていました。「滑走路手前待機」の言葉を発するベストタイミングについても、ことん突きつめて、パイロットの意識にいちばん残るであろう方法を考えて実行していました。

たとえば、出発機・到着機が交互に滑走路を使用している場合、1機目の到着のあとで1番手の出発機へ滑走路への進入を指示します。その時点で2機目の出発機は、（次の到着機のあとでの離陸を計画しているなら）1番手に滑走路進入の指示を出した段階で滑走路手前待機を指示します。ポイントは早くいい過ぎないこと。相手に指示しても、忘れられてしまっては意味がありません。

これは自分が管制を担(にな)ううえでの大方針でもありますが、たとえ規定に従った仕事をしていても、事故が起きては何の意味もないということです。

「滑走路手前待機」を発するタイミングは管制官に任されているわけですから、いちばん簡単なのは、地上管制から交信指示を受けてパスされた最初の交信で、パイロットに復唱させればそれで問題ありません。たとえ、滑走路誤進入による死者・怪我人(けがにん)が出て、裁判で業務上過失致死傷を問われたとしても、この点では自分の身を守ることができます。

でも、それが本質的に正しいといえるのか。私はまったくそうとは思いません。「滑走路手前待機」の指示を復唱させることが目的なのではなく、パイロットにここで待機するということを確実に意識させることが重要だからです。

規定には柔軟であるべきです。しかし、誤解してほしくないのですが、それはあくまでも安全性を考え、コミュニケーションミスを起こさないため、パイロットの運航や管制業務の負荷を下げるために柔軟に運用する、という目的ありきのものです。

規定が見据(みす)える目的をふまえたうえで、わかりやすさを追求する――そのための柔軟さなのです。調整の利(き)かない規定は踏み外してはならない、そこは逆にとことん固執(こしつ)するべきだと思っています。

スムーズな捌きは管制官同士の連携から

ルールから外れた指示を出すときには

管制では、原則としてのルールはすべて決まっています。「このようなことが起きたら、どう対処するのか」「こうしたら、次はどうするのか」というような原則的な手順、規則や制度については、管制官であれば当然、誰もが理解しています。

管制官やパイロットだけでなく、資格を持って運航に携わる人たちは全員が同じ知識レベルにある前提で、ともに仕事をしています。しかし、物事はすべてが原則通りに進むわけではありません。「原則を外したほうがよい」と判断する場面もあります。

自転車は左側、歩行者は右側通行が原則ですが、細い道でちょうど対面となったら、どちらかが逆側を通行したほうが安全で効率的です。原則はあくまで原則。お互いの意思疎通がとれていれば外しても構わない。それと同じ感覚です。

航空管制の例でいえば、1章で触れたショートカットがあります。A地点からB地点に飛ぶ場合、原則として「このルートで向かいなさい」という道筋が決まっています。しかし、状況によっては、「ここはショートカットしたほうが早い」という場合もあり得ます。

その際に注意すべきは、それがリーズナブルな指示であることに気づいているのは自分だけで、隣の空域を管轄する管制官は気づいていない場合がある、ということです。また、ショートカットした機が自分の管轄空域内ではほかの飛行機に干渉することはないが、隣の管制官の空域内ではほかの飛行機に近づきすぎてしまう――ということが起きる可能性もあります。

そのため、原則とは違うことをしようと考えたときは、影響を与える可能性がある空域を担当する管制官に「この便をショートカットさせてもいいだろうか」と先に確認しておきます。そのような調整は、隣にいる管制官だけでなく、少し遠くの席や別の場所にいる管制官と行なう場合もあります。調整する内容によっては、異なる管制施設をまたいで、直通電話でやりとりします。

原則と違うけれどメリットがある、安全性と効率を高めることができると思ったら、それは行なったほうがよいでしょう。ただし、自己の管轄に収まらない場合は、「内部調整が必須」という条件の下においてです。

1人で空港・空域すべての飛行機を動かせるのなら、調整はいりません。しかし、実際は複数の人間がかかわっています。原則と違うことをやるときほど、周囲の合意形成が大切です。ここでもコミュニケーションのテクニックが活きてきます。

現場でもっとも評価される管制官とは

管制官には原則を堅持（けんじ）する人と、状況に応じて柔軟な方法を選ぶ人がいます。一長一短があり、正解はありませんが、後者は「イケイケ管制官」などと揶揄（やゆ）されるのを聞いたことがあります。おそらく自分も、現役時代は周囲にそう思われていたのではないかと思います。

原則を堅持するメリットは、管制官の負担が少ないということです。前例主義にも近いかもしれません。今まで通りのやり方を貫（つらぬ）くことで、それを守ることに集中できます。

後者のメリットは、関係する管制官のあいだでうまく合意がとれれば、安全性、効率性が向上する、ということです。

そもそもそういった調整をするということ自体、原則通りにやっていたら必要のないものです。それでも、たとえ原則通りでなくてもこっちのほうがよいと判断したら、あえて調整を行なってよりよい管制を実現する——いかにも職人肌という感じですが、こうした行動が周囲に高く評価されるのか、というとかならずしもそうではありません。

調整をすること自体、周囲に負荷をかけることになります。いくら頭の回転が速くて、状況を的確に読み切って、スマートな判断ができたとしても、周囲がそれを受け入れていなかったら当然、評価は下がります。ワンマンプレーは好まれない、ということです。

それまで１００回うまくいっていても、１０１回目に何かが起きてしまったら１００回の功績は崩れ落ちます。「安全を守る」というのは、そういうことなのです。

ただ、原則通りにしろ、柔軟な対応にしろ、管制官は皆、正解がはっきりしないなかで事前の判断が求められるわけです。これはどんな仕事においても、何らかの課題に対して対応を迫(せま)られるという点では共通のことかもしれませんが、管制の面白いところは、あとでかならず「答え合わせ」ができてしまう点でしょうか。

たとえば、到着機が空港から10数キロメートルの地点にいる一方、出発機が地上走行しながら滑走路に近づいているという場面で、管制官が無理をせずに到着機を優先し、出発機には滑走路手前での待機を指示したとします。

おそらく、その管制官は「今、離陸許可を出しても間に合うかもしれない」と迷った末に待機の判断をくだしています。出発機がいざ滑走路の手前に到着した時点で、待機か離陸かを判断させてくれればいちばんよいのですが、「クルマは急に止まれない」と同じく、飛行機はすぐに動き出すことができません。

管制官が到着機の位置を見ながら指示しているように、出発機のパイロットも着陸してくる飛行機の動きを目の前で見ながら、離陸できそうかどうかを予想しています。そんななか、管制官が待機を指示したのが2分前なら、その後、地上走行して滑走路により接近するであろう2分後には離陸が間に合うかどうかわかる位置に両機とも到達しています。

その時点で、「このタイミングだったら離陸に間に合ったな」、あるいは「管制官のいう通り、待機で正解だったな」と答え合わせができてしまうわけです。

もしも、待機が正解だったとなれば「あの管制官は2分前の時点でこれを読み切った。正しい判断だった」となるでしょう。同じ管制官ならわかるはずです。

これとは逆に、離陸を先にすると判断した管制官は、出発機と到着機の両パイロットに対して調整を仕掛けることができます。到着機には減速の指示を、出発機には離陸を急がせる指示を出して、より自分のつくり出したい交通の流れに寄せていくのです。

しかし、そこまで柔軟な対応をして離陸させた結果、やはり安全な間隔が保てず失敗に終わるということもあります。

柔軟性を持つことも必要です。ただし、周囲の同意が得られなかったり、現実に負担をかける結果となってしまっては意味がありません。私自身、本当はこうしたほうがうまく行くのに、と思いながらぐっと堪える(こら)シーンは日常的にありました。

これは完全な持論ですが、もっとも評価される管制官は、というと「チームワーク力を高められる管制官」だと確信しています。

この人とだったら、気がねなく、何のストレスも感じずに楽しく仕事ができる。この人と一緒に仕事をしているとなんだか安心できる。このメンバーだったらいつでもうまくやれる気がする。緊急事態、悪天候……空港ではさまざまなことが起こります。それでもこのチームだったらうまく乗り切れる。そんな雰囲気をつくれる人が、管制の現場では求められるのだと思います。そこに予測能力の高さや動じない平常心が加われば「満点管制官」です。

管制は、チームスポーツのようなものです。どんなに優(すぐ)れた個人技を持っていても、チームに貢献できなかったら勝つことはできません。全体を見て、先を見通して、あくまで組織の一員としてうまく動ける人こそベストプレイヤーです。

頭がよくて、頭の回転が速くて、英語が堪能(たんのう)で、空間把握能力があって……という一般の方が想像する優秀な管制官の姿は、必要とされる素養（そよう）のほんの一部でしかないのです。

管制の目的は「安全」だけではない

管制で、なぜそこまでチームワークが重視されるのか。それは目的がはっきりしているからです。サッカーの目的が点を取ることであるように、管制の目的は安全を守ることです。これは、はっきりしています。

一般的な企業で仕事をしていると、どうしても目的が見えにくくなるという側面があることでしょう。もちろん、会社としての目標は収益を上げることだと思いますが、現場での目の前の目的は、各部署、各社員で違っていたり、ズレていたりするものです。

しかし、管制の世界は若干（じゃっかん）の仕事観のズレがあったとしても、目的は安全を守ること1つです。皆（みな）が自然と目的達成へと向かっていくので、意思統一が図りやすいのです。そのために一致団結できることは、航空管制の面白いところであり、チームワークが求められる所以（ゆえん）でもあります。

さらに特殊な事情として、「管制の目的は安全だけではない」ということがあります。安全と同時に、効率も求められるのです。航空法96条第1項（航空交通の指示）には「……安全かつ円滑な航空交通の確保を考慮して……」と明記されています。

世の中に、安全を守る仕事はたくさんあります。安全であるためには、とにかく慎重を期すこと、リスクは避けること、効率は二の次と考えるのが正しいでしょう。しかし、それとはまったく異なる能力を求められるのが、管制という仕事です。

いってみれば「安全をぎりぎり見据えた効率」。そのような意味では、「目的は安全」というより、「目的は効率」であるともいえます。安全をギリギリまで担保しつつ、効率を追求すること、それが究極の「管制の目的」なのです。

ただ安全だけを追求するなら、管制の仕事は簡単です。少しでもリスクがあることはすべて避けて、本当に安全だと思うやり方だけを採用すればよいわけです。しかし、それでは空港は回りません。駐機場はすぐに飛行機であふれてしまいます。

たとえば、福岡空港では1時間あたり38回の離着陸が処理できる前提で発着枠が決まっています。この滑走路1本で38回の離着陸を前提とした交通量を回すには当然、効率的に滑走路を使わなければ捌ききれません。

1機の発着にかけられる時間は平均100秒以下。どれだけタイトなスケジュールかがわかると思います。安全を最優先するだけでなく、それ以上に効率も追求しないと、航空交通というシステムがもう回っていかないのです。

世の中には、「絶対にミスをしてはいけません。安全だけを心がけて遂行しましょう」ということはいくらでもあるのです。世間もその意識で航空管制を見ているので、管制業務を行なってきた人間としては、「実際は、そうじゃないんだよな……」と感じることもありました。皆さんが利用されている航空交通という移動手段は、世界中でそのような環境のなか成り立っているのです。

チームの負荷を減らすために求められる思考

チームで管制を行なううえで、1つの命題があります。それは「各プレイヤーは、自分に任された領域をきっちり守ることに専念すべきか？　それとも、自分の領域を守りながらほかのプレイヤーの手助けまで考慮するべきなのか？」ということです。

スポーツにたとえるなら、前者はゾーンディフェンス。各自で守備のエリアを決めて、それぞれが自分の領域を徹底して守ることができれば、全体が崩れることはない。これも

1つの考え方です。一方、自分に余裕が出てきたら、ポジションの範囲を広げてでも相手の危険なプレイヤーに対処する、これもやはり考え方としてはあり得ます。

しかし、管制の仕事では、本当に厳しい状況を乗り切るという観点でいうなら、前者はうまく機能しないことが多いのです。いくら自分の領域をしっかり守ったところで、隣の守備範囲が突破されてしまうと、影響は全体に及びます。

たとえば、レーダー管制であれば「安全間隔の欠如」です。ニアミスとまではいかないものの、それに近い事態が起これば、上空で列をつくる航空交通全体に乱れが生じ、立て直しには苦労します。また地上管制でヘッドオン（鉢合わせ）が生じれば、その誘導路は一切使えなくなり、数十分間はリカバリー対応が続きます。

ですから、もしも自分に少しでも余裕があるのなら、隣の様子もチェックしておく必要があるのです。管制室全体を眺め、また目の前のディスプレイを使えばピンポイントでほかの管制官が担当している機の情報も確認することができます。

そのようなチェックのなかで、負荷が高まっている管制官がいれば、自分の守備範囲に固執せず、たとえ相手から求められていなくても、自分から相手が有利になる調整をつけにいくことが効果的です。たとえば、本来はまだ相手の担当領域にいる飛行機を、早めにパスしてもらうのです。もちろん、ありがた迷惑にならないように気をつけないといけませんが……。

空港の管制塔でいえば、隣り合う滑走路担当と地上担当のあいだ、または隣り合う地上担当のあいだなどで、そのような調整を行なうことができます。上空のレーダー管制であれば、隣接する空域間で、次に担当する管制官に、ふだんならまだ渡さないタイミングでも早めにパスするということです。そうすることで、担当する飛行機が減り、負荷を軽減することができます。

「今、どのポジションに交通量が偏っているのか」ということは、全体の交通の流れを意識すれば、ある程度はわかります。たとえば、10機ぐらいの飛行機がレーダー画面上にいて、ある航空路の分岐点で交錯しそうになっているケースです。

原則通りに処理するならば、高度を調整して「この飛行機は1000フィート上げる」「こっちは1000フィート下げる」「針路変更を指示して航空路から逸脱させ、避けてから元に戻す」――そうすれば、自分の管轄空域のなかだけで回避を完結できます。

ただ、別の方法として、隣の空域の管制官と調整し、分岐点を無視してさらに先のポイントまで直行させたのち、次の担当の管制官にパスしてしまう、というものがあります。

それでも、交信に忙しすぎて調整自体が手間に感じたり、自分の領域で何とかすべきだからと声を上げることができない、という状況は起こります。そんな状況に隣の管制官が気づけていれば、対応は変わってきます。

「ちょっと交信が空いたときに「それ（担当する機）、持ってきていいよ（こっちで受け継ぐよ）」とひと言かけてあげるだけでいいのです。そのひと言だけで、すべてが伝わって負荷の重さが解決するなら、それがいちばんいいわけです。

ただし、多用は禁物というか、全体の交通量から判断しないと本当にそれが相手にとってよい調整になるかわかりません。予測や思考が浅いと迷惑をかけることもありますが、管制はチームなのですから、隣が大変なときに、ひと言で負荷が軽減できるなら原則を逸脱したほうがよいこともあります。

もっとも、隣が大変なときはこちらも大変、というときが多く、自分もなかなか余裕がないものです。それでも「今、こういう状況なので……」という説明を省きつつも、「こうしたいけど、いいか？」と伝えるだけで、安心感が生まれます。

原則という話でいえば、そもそも空という3次元空間をいくつかの空域に区切って、それぞれ管制官1人で管轄する、という設定自体が、交通量に対して適正にできているのかどうかという疑問もあります。

管制官1人に適正な広さを割り当てている前提ではありますが、それはあくまで机上(きじょう)の計算や過去の実績、経験にもとづくものです。いつでも、どんな状況でもそれが適切な範囲かというと、かならずしもそうではありません。

それは、一般的に仕事全般についていえることではないでしょうか。たとえば、年頭の全体会議で、今年1年、このチームにはこの仕事、こっちのチームにはこの仕事と割りふるとします。もしくは部署ごとに取り組むテーマに沿って仕事をしているとします。

でも、割りふられた仕事、テーマに対して本当に適切な人員数なのかどうか、それはやってみないとわからないし、本来は変動させていくべきものでしょう。仕事の割りふりというものは、あくまで計画です。計画は状況に応じて柔軟に見直しながら進めていくのが、正しい進め方だと思います。

一般の仕事であれば、どこかのチームに負荷がかかって残業が多くなってしまうかもしれませんが、それでも回ることは回るでしょう。でも、管制の場合は、残業でなんとかする性質の業務ではありません。業務のオーバーフローが事故を引き起こす危険すらあります。問題はクリティカルです。誰かが無理して頑張っても何ともなりません。

やはり、そういった意味でも、誰かに過度な仕事のピークがいかないように、チームで均等にならすという考え方は、局所的にも全体的にも必要だといえます。

管制塔内でコミュニケーションをどう円滑にするか

パイロットとの交信では、相手の様子が見えない難しさがありますが、管制塔内部のコミュニケーションでは、目で見えるものに洞察力を働かせることが重要です。

大きな空港の管制塔内では、常に大人数の管制官が業務にあたっています。パイロットと交信しながら、管制官同士でコミュニケーションをとりながら、調整する事柄も多く発生します。

そんなとき、管制官は手元の情報だけに集中せずに、相手の背中や横顔にも注意を払います。人間、必死で考えているときは一点に集中しているので、背中を見ていてもわかります。先のことを読んでいるとき、頭のなかをフル回転させて考えているときも、雰囲気から察するのです。

このような場合は、安易(あんい)に話しかけて、思考を中断させないほうがよいのです。話しかけるときは、わざと相手の目に入るように動くなどして、相手に自分の存在を気づかせてから、様子をうかがって話しかけるようにします。このワンクッションを怠って、いきなり話しかけても、「え、なんていった?」などと返されるだけです。

さらにいえば、返事をもらうことではなく、しっかりと意思疎通を図り、こちらの意図を印象づけることが重要なのです。当たり前だと感じるかもしれませんが、ど忘れ、誤解こそが事故の〝入り口〟となるので、私は1つひとつの所作を見逃さないようにしていました。

相手の雰囲気を見て、どんな心理状態なのかを察知する。それは意識してくり返すことで養った洞察力を駆使しないと、できないことだと思います。

平常心を保てば、他者の心の乱れに敏感になる

声だけで的確にコミュニケーションをとるために、管制官が心がけるべきことのもう1つが平常心です。

ミスコミュニケーションを防ぐためには、感情的にならず、常に聞き取りやすいスピー

ドで話すことが大切です。人間、緊張しているとどうしても早口になります。また、自信がないときもやはり早口になったり、小声になったりもします。冷静に、自信を持って自分の得意なことを説明しているときは、誰しも聞き取りやすい声でしゃべるものです。

では、聞き取りやすい声とは、どんな声なのかというと、ラジオのパーソナリティやアナウンサーのような声です。

テレビの場合は、映像はもちろんのこと、最近はテロップも多用して情報を補う（おぎな）ことができますが、ラジオは声だけが頼り。これは無線と同じ環境です。意識してラジオのパーソナリティやアナウンサーのトークを聞くと、一語一語が聞き取りやすいように発音しながら話していることがわかります。

もしも、パーソナリティが慌て（あわ）た声で早口でまくし立てたり、ボソボソと小声で話していたら、そんなラジオは聞きたくなくなることでしょう。私は、管制官も冷静な気持ちを持って、抑揚（よくよう）をあまりつけずに、落ち着いた声で話すことが基本だと考えていますし、おそらく、管制官の全員が心がけていることだとも思います。

自分が平常心を心がけていると、他人の心の乱れにも敏感（びんかん）になります。もしも隣の席の管制官から緊迫した声が聞こえてくれば、何か平常時とは異なる状況が発生していると察しがつきます。

パイロットもまたしかり。声から何か不安を抱えているのではないかと感じ取れることがあります。そんなときの管制官は、あえてゆっくりしたスピードで交信したり、付加的な情報は控えて、単純かつ短めな指示のみを出すように工夫するのです。

5章 過密な空港のリスクと事故防止の対策

航空における「重大インシデント」とは

2024（令和6）年1月2日の羽田空港航空機衝突事故は、人命を奪い、機体損傷を引き起こした「事故」として定義されますが、事故には至らなかったものの、その危険性があった事象を国土交通省では「重大インシデント」と認定することがあります。

そのなかには、「地上における他の航空機との接触や上空における異常接近」、そして、その他の「事故が発生するおそれがあると認められた」以下のような事態も含まれています。

- 他の飛行機が使用中の滑走路で離陸または着陸しようとした
- オーバーランなど滑走路からの逸脱（いつだつ）
- 非常脱出スライドを使用する事態となった
- 飛行中に地面や水面に衝突しそうになった
- エンジンの故障、出力損失
- 航空機に装備されたシステムの故障

・機内の火災、発煙
・異常な気圧低下
・燃料の欠乏
・乱気流や異常な気象状態に遭遇し、操縦に障害が発生した
・乗務員の負傷または疾病により操縦ができなくなった
・航空機から脱落した部品が人にあたった

運輸安全委員会によれば、2023（令和5）年度に起きた、小型機やヘリコプターも含めた重大インシデントは14件。そのうち中・大型飛行機に関するものは2件となっています。

1件は、7月に関西国際空港にて、中国郵政航空の貨物機が滑走路を点検中の車両がいたにもかかわらず着陸許可を受け、管制官の指示により車両を離脱させて着陸した事案。もう1件は同じく7月、羽田から函館に向かった旅客機が視界不良で新千歳空港にダイバート（157ページ参照）した際、予備燃料が欠乏しそうになったという事案でした。

ちなみに2001（平成13）年以降の重大インシデント発生件数はトータルで年間平均9・9件、中・大型飛行機に限れば4・3件となっています。

飛行機同士のニアミスとは、どんな状況のこと？

大事故になりかねない「重大インシデント」と聞いて、誰もが思い浮かべるのがいわゆる「ニアミス」ではないでしょうか。

ニアミスという言葉は、2機の飛行機が〝異常接近〟するという意味で一般に使われていますが、じつは正式な定義がなされた用語ではありません。かならずしも同じ意味ではありませんが、管制で使用される正式な用語に置き換えるとすれば、「管制間隔の欠如（けつじょ）」という言い方になります。

航空管制では、2機の飛行機のあいだで、最低限の間隔がさまざまな条件により決められており、これを「管制間隔」と呼びます。管制間隔は一般的なものでいうと、垂直方向に1000フィート（304・8メートル）、水平方向はレーダーの範囲内であれば3マイル（約5・6キロメートル）または5マイル（約9・3キロメートル）です。

管制官は、この間隔を確保しながら効率よく処理しているわけですが、これよりも2機が接近する状態を「管制間隔の欠如」と呼びます。

一般的にいわれるニアミスは、この管制間隔よりもさらに近づいた状態で、たとえば急降下や急旋回のような行動でこれを回避した場合、あるいは、そうした異常な行動によって乗客が負傷するなどの何らかの支障があった場合に、そう呼ばれているようです。

では、「管制間隔の欠如」はニアミスではないのかというと、この「最小間隔3マイルまたは5マイル」という距離をどう捉えるかによるでしょう。なお、3マイルというのはターミナルレーダーを使用している場合、5マイルというのは航空路管制で使用するエンルートトレーダーを使用している場合の既定値と考えてください。

例として、対面で（しかも同高度で）互いに接近しているようなケースで考えます。この場合はそれなりに切迫した状況になります。飛行機にも速度制限があり、高度1万フィート（約3048メートル）未満で250ノット（時速約460キロ）です。

計算を簡略化するため240ノットと仮定すると、60ノットで1分間に1マイル進むため、240ノットであれば15秒で1マイル進むことになります。それが対面に進むわけですから、3マイルの距離を縮めるのは約22・5秒。この22・5秒のあいだに回避行動をとることになります。この時間は完全な対面でなく、斜めに交差する状況であれば、もう少し長くなります。

TCASによる回避の仕組み

TCASの回避指示発出の判断には、距離と高度差のみを利用しており、相手機の方向は判断されない（左右への回避指示はなし）

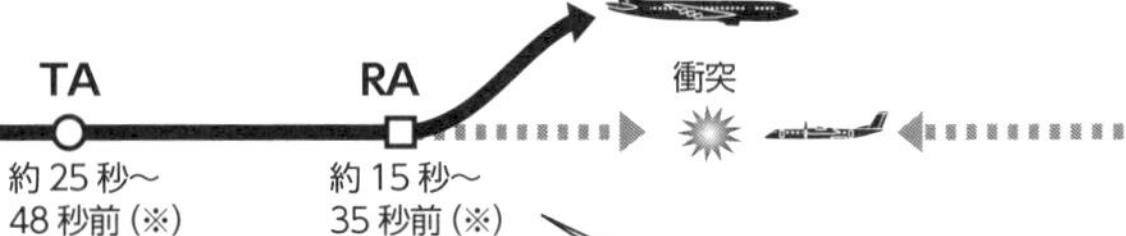

TA（トラフィック・アドバイザリー）
衝突のおそれの約25秒～48秒前、接近する可能性のある周辺機について表示する接近情報（TA）が発出される。相手機の高度、方位及び上昇・降下などの情報がディスプレイ装置に表示されるほかに「トラフィック、トラフィック」という音声が鳴動する。

RA（レゾリューション・アドバイザリー）
衝突のおそれの約15秒～35秒前、パイロットが取るべき回避指示（RA）が発出される。相手機の高度、方位及び上昇・降下などの情報がディスプレイ装置に表示されるほかに「クライム、クライム」や「ディセンド、ディセンド」という音声が鳴動する。

※TA、RAの作動タイミングは、高度により変わる

いざその瞬間、管制官が上昇、降下、旋回などを指示して回避させるかというと、じつは違います。

飛行機にはTCAS（Traffic alert and Collision Avoidance System：ティーキャス）という空中衝突防止装置が搭載されています。飛行機自身が電波を発して、周辺にいるほかの航空機の位置、高度を察知するとともに、接近のおそれがある状況で警告と回避指示を自動的に発する装置です。

衝突すると予測される時点から約15～35秒前になると、上昇または降下の指示が音声とTCAS画面上での表示の両方によってなされます。

TCASが回避指示を出した場合、パイ

ロットは管制官にＴＣＡＳの回避指示が出ていることを伝えます。その時点で管制官はパイロットに指示を出すことを止め、回避が完了するまで報告を待ちます。

私も研修の一環でフライトシミュレーターに乗り、ＴＣＡＳ時の手順を自分でひと通り体験しましたが、急上昇・急降下もまったくなく、ゆったりと回避することができました。緩やかな動作なので、乗客はほとんど気づかないはずです。危険な状況にあったという認識もないでしょう。管制間隔の欠如とニアミスは、明らかに異なるということです。

「ヒヤリハット」は、どのくらいの頻度で起きるか

では、重大インシデントにさえカウントされない、いわゆる「ヒヤリハット」といわれるような、小さなイレギュラー事象はどのくらいの頻度で起きているのでしょうか。

あくまで私自身の感覚でいうなら、羽田、成田、関空、福岡のような交通量が多い空港で通常に勤務しながら遭遇するのは、１か月に１～２回程度ではないでしょうか。

ただし、「あくまで私自身の感覚で」と断ったように、ヒヤリハットは多分に主観的なものです。同じような事象が、ある人にとってはヒヤリハットでも、ある人にとってはヒヤ

リともせずにスルーしてしまうようなことに感じるかもしれません。前述した「管制間隔の欠如」であれば数値としてわかりやすいので共通認識することができますが、管制塔での管制は目で見ることが基本なので、その事象が起きた瞬間をどう捉えるかによります。

　そのうえでいえば、いちばんヒヤリとする瞬間は「見失う」ことです。実際に「視界から消える」という意味だけでなく、「意識から消える」「把握できていない」ことも含みます。たとえば、2機の飛行機が接近しているとき、「自分がこうなる状況を予測していて、あえて接近している状況を監視しているのか」、それとも「自分が気づかないうちに接近してしまっているのか」。この差はじつに大きなものです。

「すべての情報を自分が把握している」という前提で指示を出しているにもかかわらず、じつは見落としている情報がある、つまり情報を一部「見失っている」のです。管制官は飛行機の位置情報、気象情報、さらには目と耳から得られるすべての情報を把握したうえで判断し、指示を出していますが、それに少しでも漏れがあったと気づいた瞬間、焦りを感じます。

　次のようなケースもあります。地上管制で目の前で飛行機が誘導路を走行しているのを監視していたとき、ふとした瞬間に「この飛行機に停止指示を出していない！」と焦った経験がありますが、実際にはしっかり指示を出していたのですが、脳内に情報が詰めこまれるうちに、そのことを見失ってしまったのです。

人間の脳は忘れやすくできているようで、新たにさまざまな情報を取り入れて、ほかの飛行機に指示を出したりしていると、「過去の自分」が出した指示があやふやになってきます。それが人間の性質です。自分の認識が確信に至っていない、途中でブレてしまう、そのような認識の齟齬（そご）が、おそらくもっともひんぱんに起こっているヒヤリハットだと思います。

なお、離着陸の許可や滑走路が閉鎖している、といった忘れては困るもの、再確認（リマインド）を必要とする重要なことは、リマインダーの仕組みを使って工夫していました。

また、文字通り飛行機を「見失った」と思ってヒヤリとした経験もあります。

小型機やヘリコプターの類（たぐ）いは、レーダー装置で管制間隔を維持する性質ではなく、管制塔からの直接の目視で安全を確保します。とくにヘリコプターは機体が小さいので、数キロメートル先にいるであろう機体を見つけるのも困難ですし、一度見つけたあとも定期的に意識して追いかけないと、見失いそうになります。

そうして空港の近くに誘導し、滑走路の上空を横断させて反対側に通過させるための指示を出したとしましょう。指示を出した時点では、ヘリコプターを目視で確認できています（そうでなくては、横断の指示の根拠がありません）。

その後、たとえば出発機に滑走路手前の待機を指示し、到着機に着陸を許可し、次に呼びこみがありそうな飛行機をリストから確認し……ふと気がつくと、ヘリコプターが見えなくなっていたのです。結局、ヘリコプターは管制塔の真上にいたので、そもそも窓の外に見えるわけがなかった、ということだったのですが、やはりヒヤリとしました。

もしも、ヘリコプターを見失っているときに到着機がゴーアラウンド（着陸復行（ふっこう））となり、再度上昇すれば、滑走路横断を指示したヘリコプターの安全を確保することができなくなります。そんな状況を想像してヒヤリとするわけです。

やはり、人間の能力には限界があります。継続的に目視していても、たった一瞬でも目を離さざるを得ない瞬間、クリティカルに指示が求められる瞬間まで見ていられないという状況は十分起こり得ますし、かといって1機ばかりを見ていたら、今度はほかの機の管制が疎（おろそ）かになってしまいます。

管制塔から双眼鏡を使って、ずっと1機を追いかけて指示するだけの仕事ならよいのですが……。

「言い間違い」「聞き間違い」には、こんな心理が潜んでいる

「言い間違い」「聞き間違い」もまた、重大な事故につながる危険因子です。

人間、自分が思っていることしか口から出てこないと思いきや、実際には思いとまったく違うことをいってしまう、ということがまれにあります。

たとえば、タクシーでいつも新宿まで行く人が、その日はたまたま原宿に行きたかった。そんなとき、運転手さんに「原宿まで」と伝えるつもりが、つい、いつもの習慣で「新宿まで」といってしまう。その時点で言い間違いに気がつけばセーフですが、新宿に着いてから、「なんで原宿に行かなかったのか」と怒るくらい、自分の言い間違いに気がつかなかったりもします。

そんな初歩的なミスが、管制の現場であるのかというと、実際にあります。パイロットとの無線交信でも、管制塔内の調整でもあります。

そうしたミスを防ぐために、管制官の指示は、かならずパイロットがその内容を復唱する決まりになっていますが、その復唱さえも勘違いに気づかないまま発されたものである

場合もあります。管制官から「停止してください」と指示されたパイロットが、「はい、停止します」と復唱したのに、そのまま停止せずに横断してしまったという例が実際にあります。

管制官は復唱を確認したあとも安心することなく、指示がきちんと履行(りこう)されているかどうかまで監視を続けることが求められます。「人間というのは、自分がいったことと違ったことをすることがある。そういう性質さえ持つものなのだ」ということを理解し、あらゆる可能性を想定しながら、監視の目を厳しくする必要があるわけです。

ヒューマンエラーによる事故が起きやすい瞬間とは

ヒューマンエラーによる事故は、着陸時と比較すると離陸時のほうが少ないように思います。

なぜなら、離陸は監視の目が届きやすく、途中で止めることができるからです。たとえ滑走を始めてからでも、目の前に危険があれば中断することができます。飛行機も、地上を走っている分には自動車と同じですから、目の前に子どもが飛び出してきたら急ブレーキを踏むように、とっさの判断で危険を回避できるわけです。また、離陸時の事故のほとんどは、霧で視界が悪いときに起きています。

ヒューマンエラーによる事故が着陸時に多いのは、単純に着陸が技術的に難しく、負荷が高いからという理由もあると思います。通常、着陸動作の最後の部分は手動で行ないます。自動で着陸する技術もあるにはあるのですが、現在は視界不良時に使われるのみです。

パイロットからすると、滑走路に接地後、自分が抜けたい位置の誘導路（滑走路からの出口）からスムーズに抜けるのが理想です。

通常、4000メートル程度の滑走路であれば、接地後に使うことができる出口は4〜6か所程度用意されています。パイロットは、着陸後からターミナルビルまでの地上走行経路を考えて、どこの出口から抜けるべきか、滑走路に降りる前から計画しています。

そして、そのための最適な速度で降り、滑走路にとどまる時間を最短にできるタイミングと強さで接地し、狙った出口で抜ける、というプランニングの下に着陸を実行します。

つまり、着陸はそれだけ繊細なコントロールが必要だということです。たとえば、滑走路の向きによっては、横風が非常に強い状況での着陸となることもあります。そんなときは、いわゆる「横風着陸」、機首を正面ではなく横に向けながら降りてくる体勢になるので、飛行機の制御により注力しなければなりません。接地したあとも、主翼を風が煽(あお)り、ひっくり返すほどの突風に襲われることもあるため、最後まで気が抜けません。

また、離陸直前と着陸直後では速度が大きく違います。着陸後の飛行機は「スポイラー」という減速装置を稼働させつつ、逆噴射をかけて速度を一気に落としますが、そのあいだは直進を保っておく必要があります。もし何かに気づいたとしても、無理に回避しようとしたら、逆に機体そのものが破壊されかねません。

そのような性質から、ヒューマンエラーによる事故は、やはり離陸時よりも着陸時のほうが起きやすいといえます。ゴーアラウンドで回避すれば事なきを得るわけですが、滑走路の手前のほうにある異物であればまだしも、着陸中のパイロットが滑走路の中央またはそれ以遠にある異物を発見し、回避するのは非常に困難です。

濃霧のなかでの着陸をサポートするシステムとは

前項で「着陸は自動でもできるが、通常は手動で行なわれる」と述べましたが、じつはこれも状況しだいで事情が異なります。

自動操縦での着陸について、パイロットのあいだでこんなジョークがあります。

「霧が濃くてまったく外が見えないときでも、着陸はできる。でも問題は、その後どっちに行ったらいいかまったく見えないことだ」

つまり、そのくらい自動着陸の性能は高いということです。

飛行機の着陸を支援する装置の1つにILS（Instrumental Landing System：計器着陸装置）があります。地上から指向性（電波などが出力されるとき、その強度が方向によって異なる性質）電波を発し、飛行機側がこれをキャッチすることで、正しく滑走路上に誘導するという仕組みです。

その精度によってカテゴリーが5段階あり、高カテゴリーのものなら、コクピットからまったく外が見えない状況でも、自動で着陸できる機能を持ちます。

しかし、この高カテゴリーILSは、飛行機と空港側のそれぞれに対応する装置が備わっていなければならず、すべての空港で使えるわけではありません。たとえば、日本国内では、新千歳、羽田、成田など、悪天候でも安定した就航率が求められる主要国際空港と、釧路、広島、熊本など、標高が高く霧が発生しやすい地方空港に設置されています。

こうした空港では、〝まったく外が見えない〟視界不良の状況でも、着陸が可能です。し

ILS着陸の条件

ILSの種類	カテゴリーⅠ	カテゴリーⅡ	カテゴリーⅢ		
			a	b	c
決　心　高	60m以上	30m以上	—	—	—
滑走路視距離	550m以上	350m以上	200m以上	50m以上	—

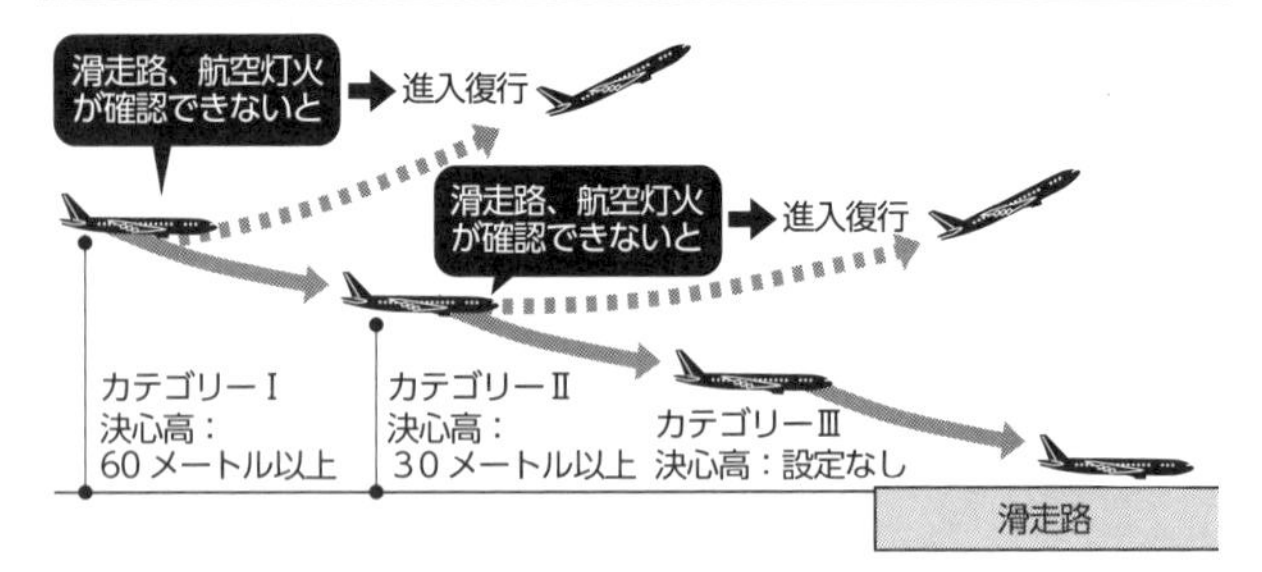

ローカライザー（上から見た図）

滑走路の中心線に対する飛行機の位置（横のズレ）を知らせる

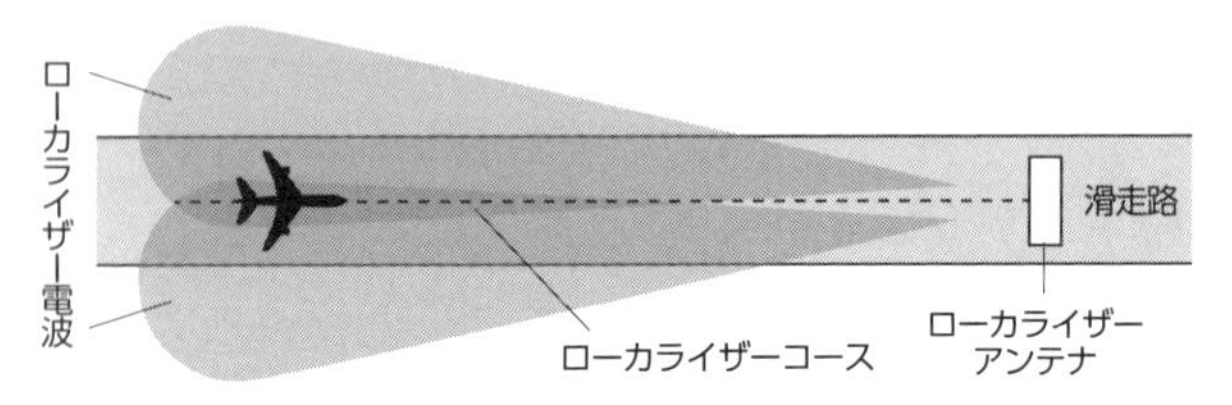

グライドパス（横から見た図）

着陸するときの降りる角度や地面からの高さを知らせる

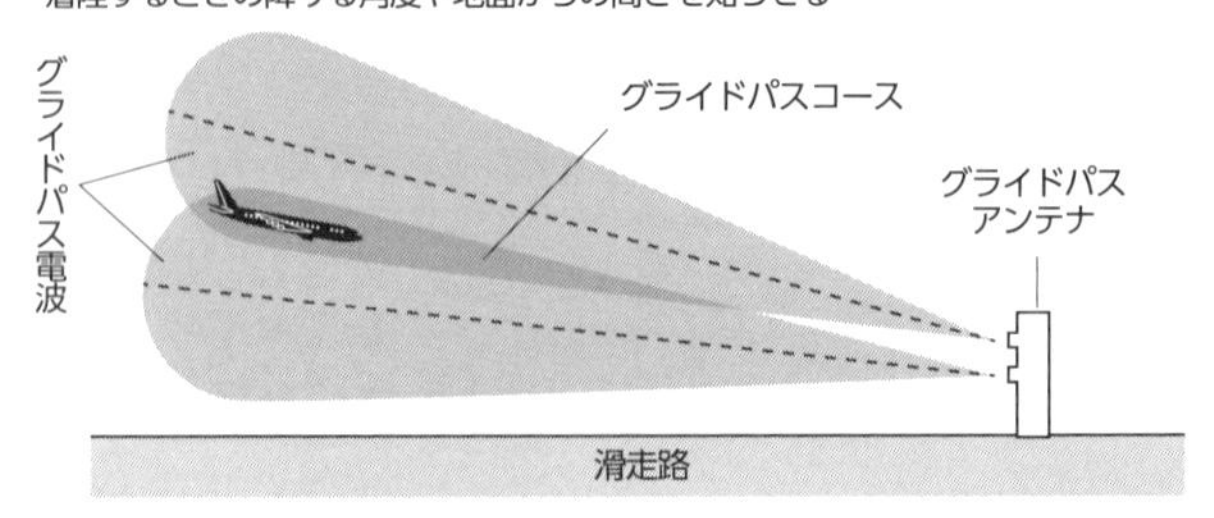

かし、気楽にスイッチ1つで切り替えて使用できるものではなく、管制側としてはちょっと面倒なところもあるのです。

まず、滑走路の周辺に障害物があると誘導電波の精度が確保できません。そこで、滑走路周辺で作業する車両、たとえば緑地の草刈り作業などを実施している場合には、退避してもらう必要があります。

さらに、ＩＬＳの切り替えを依頼したうえで、航空管制運航情報官に、これから高カテゴリーＩＬＳを使用する旨(むね)を放送で周知してもらう必要があります。手続きが何かと多いのです。

環境が整ったあと、さらに大変なのは飛行機の間隔を拡大させること、そして滑走路からの離脱（正確には、誘導電波の干渉(かんしょう)区域からの離脱）を口頭で確認することです。電波の邪魔になってしまうのは車両だけでなく飛行機も同じです。電波の精度を確保するため、先行で到着した飛行機が滑走路から離脱したときに、ちょうど後続の到着機が自動着陸の電波を受ける位置にいる、そんな間隔をつくり出す必要があります。

このように、使用するための環境を整備したあと、運用上でもかなりの負荷がかかるのです。

大地震が発生。管制官はどう対応するか

地震が起きたとき、飛行機は離着陸を継続してよいのでしょうか。

空港の運用規定により、震度4以上の地震が発生したときは、滑走路を閉鎖して点検する必要があります。路面に破損が生じている可能性があるからです。点検車両が急いで出動し、滑走路の端（はし）から端まで異常がないか確認しながら走行するだけでも、15～30分ほどはかかります。そのあいだ、飛行機は待機することになります。

２０１１（平成23）年3月11日の東日本大震災の際は、成田の管制官は全員管制塔から退避しました。羽田では退避はなかったようです。管制塔からの退避にも基準があり、当時、千葉県北東部は震度6程度の揺れを記録しました。成田の管制塔は87メートルの高さがあるので、地上にくらべて揺れが激しく感じられます。

じつは私自身は、その日は成田におらず、埼玉の東京航空交通管制部にいました。たまたま海外から知り合いの管制官が来日していたので、有給休暇をとって見学の案内をしていたのです。

埼玉では揺れはそこまで大きくはなく、最初は「ふつうの地震かな」程度に思っていたのですが、そこからしだいにじわじわと「これはただの地震ではない」という実感が湧いてきました。レーダー画面からは、予定していた空港に降りられなくなった多くの飛行機が入り乱れて、大混乱となっている様子がわかりました。管制室内でも連絡を取り合う声が交錯し、ただごとではない様相になっていきました。

後日、当日の成田管制室の写真を見る機会がありましたが、棚は倒れ、書類が散乱するなど、相当な混乱状態だったことがわかりました。

大雪に見舞われた空港のオペレーションは?

雪が空港にとって、とくに飛行機の離着陸にとって障害になることは容易に想像できると思います。私もとくに大変だった記憶がよみがえるのは雪の日です。

北海道などでは、毎年何度も雪が降るので万全の対応をとることができ、その扱いにも慣れていますが、大雪になることが少ない空港では不慣れな対応が求められ、現場は混乱します。

これは現場のスキルの問題だけではなく、たとえば滑走路の除雪車両1つとっても、北海道の空港にくらべてコストが見合わないため、そこまで手厚く準備されているわけではないのです。

雪が降るとやらなければいけないことが2つ増えます。1つは、滑走路の除雪。これには時間がかかります。積雪具合や雪質にもよりますが、20~30分くらいかけて除雪を行ない、その後、路面の点検をします。特別な車両を用いてかなり速い速度で走行し、急ブレーキをかけて摩擦力を測定し、離着陸に使える状態かどうかを確認します。

もう1つは、飛行機の除雪。機体、とくに両翼に付着している雪を落とし、付着しにくくする防除雪氷剤を散布することが目的です。飛行機は翼で揚力を得ています。そこに雪や氷が付着してしまうと、設計上得られるべき揚力が得られなくなるため、翼についた雪をすべて落として、元の形状を露出させる必要があるのです。

雪を溶かすには高温の防除雪氷液を吹きかけます。その後、雪をつきにくくするタイプの防除雪氷液を噴射、いわばコーティングして雪の付着を防ぎます。こうした作業を特殊車両を使い、高所で人力で行なうため、飛行機の除雪にも時間がかかります。

飛行機の除雪を行なってからでないと、出発準備は完了しません。飛行機の除雪が始まると多くの出発が、遅れ気味になります。しかし、その一方で到着機は続々とやって来ます。管制は地上で扱う航空機数が増えるため、必然的に忙しくなります。

とくに地上管制は大変です。飛行場管制から引き渡された到着機と、これから出る予定の出発機、両方を捌(さば)かなければいけません。出発が遅延しがちになるといちばん負担が大きいのが地上管制ということになります。

空港周辺で積乱雲が発達。管制に与える影響は?

管制室が緊迫する気象条件といえば、ゲリラ豪雨を発生させる積乱雲も要注意です。積乱雲の内部は激しい上昇気流と下降気流が交錯しているので、飛行機にとっては危険な環境です。当然、避けて飛ばなければいけません。積乱雲のなかは、機体が空中分解するほどの強いエネルギーが充満しているといわれています。

こうした雲の情報、とくに航行に悪影響を与えるような雲の情報については、常に管制官は確認できるようになっています。気象庁が全国に設置するウェザーレーダーや空港のドップラーレーダー(ライダー)による情報をもとに、どこに積乱雲が発生していて、どちらの方角に移動しているかという現況、そして今後の動きの予想を常時見ることができるのです。

積乱雲が発生していても、これを避けて飛べば問題ありません。これを「デビエーション(回避措置)」といいます。航空路上に積乱雲が発生すると、その地点を通過予定のほぼ全機がデビエーションを行なうため、通常なら混雑しない空域に航空機が集まってきます。

それでも回避のしようはあるため、何とかなるものですが、もっともやっかいな問題は、避けたあとに元の経路に戻す余裕がないようなところに発生している場合です。

たとえば、空港周辺、滑走路から直線に延びた先、到着機の最終進入コースに積乱雲が発生することがあります。

この場合は相当、レーダー管制の負荷が高くなります。通常なら標準経路からそのまま最終進入コースに乗るのを監視して、滑走路に向けて降下を開始したら管制塔に交信を引き継ぎますが、積乱雲がそのコースをブロックするように邪魔をしてくることがあります。

それを避けた位置から最終進入コースに入ることができる状況であれば、パイロットの受け入れ方しだいでなんとか降ろせるでしょう。しかし、それが無理なら、悪天候が落ち着くまで上空待機させるしかありません。

じつは、管制官が見ているウェザーレーダーの画面上に表示される積乱雲は、よくテレビの気象情報で見るような、地図上の一部が赤くなっているものと大きくは変わりません。実際のその雲がどのくらいの大きさなのか、高さはどのくらいあるのか、正確な位置情報まではわからないのです。

正確なことは実際に飛んでいる飛行機の「鼻」にあるレーダーか、パイロットの目視での確認しだいなので、交信で確認します。

そして、積乱雲が空港の直上にきたら、もうお手上げです。航空機は天候が回復するまで上空待機するか、ほかの空港に目的地変更（ダイバート）するかになります。

バードストライクが発生したときの対応は？

滑走路上で異物が発見されると、ただちに滑走路閉鎖になります。滑走路点検中に発見して、なおかつ回収が簡単なものである場合には閉鎖まで至らないかもしれません。

このパターンの閉鎖理由で、いちばん多いのがバードストライクです。バードストライクは、飛行機の機体に鳥が衝突することですが、たいていは離陸直後か着陸時に起こります。飛行機がもっとも長く距離飛行する巡航高度は、鳥が飛んでいるような高さではないので、離陸直後、着陸時に遭遇する可能性が高いということです。

コクピットのガラスやその周辺の機体に当たった場合、パイロットが気づくことも多いので、バードストライクに遭遇したことを管制官に通報します。ただ、その死骸(しがい)がどこに落ちたかまでは判別がつかないので、滑走路上に落ちている可能性を考えて、滑走路を閉鎖したあとに点検車両を出動させて確認します。

あるいは、着陸したあとに判明することもあります。飛行機は、到着して駐機場に入ったあとに、次のフライトに備えて機体の点検を行ないます。このとき、バードストライクの痕跡(こんせき)が見つかることがあります。

その場合、管制塔に連絡がきて、やはり滑走路を封鎖して点検になります。滑走路上に死骸がある可能性は低いのですが、ないとは言い切れないため、滑走路を閉鎖して点検を要請します。

このようなケースでは、出発空港を離陸した際にバードストライクがあった可能性も考えられるため、出発空港にも連絡し、出発時に使用した滑走路を突きとめ、同様に点検する場合もあります。

ダイバートはどんな状況で、多く発生する？

強風や霧などの悪天候でなかなか着陸できずに燃料不足になったり、機体不具合などの理由により、やむを得ず別の空港に降りることもあります。これをダイバートといいます。

飛行機は航空法で定められた搭載燃料やフライトの想定にもとづく予備燃料を積んでいますが、悪天候のなか着陸にトライした結果、ゴーアラウンドを2～3回くらいくり返すと、あきらめてダイバートする選択をとる傾向にあります。なお、ダイバート先はどこでもよいわけではなく、飛行計画書であらかじめ決まっています。

空港側の事情でダイバートせざるを得ない状況になることもあります。たとえば、悪天候で落雷の危険がある場合、地上作業員が退避します。じつは空港は、もっとも落雷が起きやすい場所の1つです。離着陸の安全上、周囲の建物は高さ制限があり、避雷針（ひらいしん）となる建造物が少ないためです。屋外にいる地上作業員も、落雷に遭（あ）わないように安全な場所に退避しなければなりません。

そうなると、飛行機を出発させることもできなくなります。プッシュバックするにも、貨物の出し入れをするにも作業員が必要だからです。離陸できなければ、駐機場に飛行機が溜まってしまうので、到着機は誘導路で待つのみです。これがどんどん続けば、誘導路に飛行機が滞留し、やがて受け入れ不可能な状態になることもあります。

ダイバートのとき、どこでも最寄りの空港に降りられる、というわけではありません。そのいちばんの理由は契約です。そもそも飛行機は、地上作業に関する契約を結んでいるから飛ぶことができます。

ダイバート先の空港に降りれば、その空港での地上作業が発生します。乗客の受け入れ、貨物の扱い、燃料の給油、こうした作業に対応するには、それに応じた態勢を備えていなければなりません。必要な機材や車両の大きさ、備蓄してある燃料の量なども含め、代替空港を飛行計画に記載しています。とはいえ、緊急時は別です。事前に契約や予定がなくても、降りたあとに時間がかかってよければ、たいていは受け入れること自体は可能です。

２０２３（令和５）年2月、日本航空の羽田発福岡行きの飛行機が福岡で降りられず、いったん関西国際空港に降りたあと、また離陸して羽田に引き返したことがありました。羽田出発が強風や機材繰りの関係で遅れたことで、福岡空港の滑走路がクローズする時刻、つまり「門限」である22時に間に合わなかったのです。

福岡空港では騒音防止のために、22時以降は降りられない運用になっています（悪天候などのやむを得ない場合は、事前申請し、認められれば22時以降の着陸も可能です）。このとき、福岡上空まで来ていたのに関空に引き返したのですが、22時以降に降りられる空港は福岡の近くにもあります。たとえば、北九州空港は24時間運用です。

では、なぜ羽田に戻らなければならなかったのか。それは、その飛行機が日本に数機しかない最新鋭の機種だったからです。北九州空港には、その機材を受け入れるための車両、知識や資格を持った整備士がいなかったのです。そのため、いったん関空で燃料を補給し、羽田にUターンすることになりました。

ちなみにダイバートや欠航・遅延の場合、航空会社が代替交通手段やその交通費、宿泊費などを保証してくれるかどうかは会社によって対応が異なります。飛行機に乗るときは、運送約款（やっかん）をよく見て、万が一に備えておくことをおすすめします。

管制官に求められる、リスクを低減する思考とは

航空交通ではさまざまな不測の事態が起こり得ます。管制官は、あらかじめ一歩先を予

測してリスクを回避しなければなりません。いつも交通状況を把握しながら、もしもこれが来たらこうしよう、でも、こちらが先に来てしまったらそのときはこうしよう、などと頭のなかでは思考をめぐらせています。

たとえば、地上管制で誘導路上の交差点に2機の飛行機が向かってきているという状況では、その交差点に近く、早く到達する機を先に行かせるのが妥当でしょう。しかし、飛行機の走行速度はそれぞれ異なるので慎重に予測する必要があります。たとえ距離が遠くても、機体が軽く、地上の走行速度が速いのであれば、そちらを先に通したほうが滑走路に到達して離陸する時間を考えれば正解だと考えることができます。

次に、地上走行とプッシュバック機の処理について考えます。プッシュバックをすると、エプロン上の誘導路を1本塞ぐことになります。飛行機がバックを完了して出発するまでの数分間、そこは通れなくなるので、もしその誘導路を使って地上走行する機がいれば迂回させるか待機させなければなりません。プッシュバックを先にするか、地上走行の飛行機を先に通過させるか、はたまた交錯することを先に見越して迂回路を指示するかなど、いざその瞬間がくる前に予測しておきます。

こういった条件が複数絡み合うことで、取るべき道筋の選択はより複雑になります。さまざまな可能性を想定して、それに対するベストな対応を事前に選択する。それが見事にはまればベストな航空交通のかたちをつくり出せるはずです。

その一方で、あえて効率性を追求せずに、遅延が起きようが停止指示を早めに出してしまって、交信が落ち着いたときに次の指示を出すという方法も選ぶことができます。前述した地上走行の様子を見ながら速度が速いほうを先に通す、という方法だと、ほかにも見なければいけない飛行機がいるなか、交錯する前提で走らせている2機に注意を向けておかなければなりません。

このような、「後追い指示する条件付き」で流しておく場面を増やしてしまうと、チェックすべきポイントもその分増えてしまいます。目で見るポイントも、判断すべきタイミングも、より多く、より複雑になり、そのために頭のなかのメモリーがいっぱいになってしまう、ということが起こりかねません。

そうなると、どうなるでしょう。もっとも今、行なうべきである現在の交通状況の把握が疎(おろそ)かになってしまい、「木を見て森を見ず」のような状況が続いてしまいかねません。あるいは、さらに次の判断を行なうための情報収集や予測が不十分となってしまいかねません。

では、どうするか。私が心がけていたのが「メリットが小さいなら切り捨てる」という考え方です。針の穴を通すような、負担のかかる誘導をして、どれだけのメリットが得られるのか、ということを天秤にかけて考えてみるのです。

先ほどの例でいえば、プッシュバックが完了するのを待つために待機させる、その前に通す、迂回させるのとでは、はたしてどれくらいの時間節約になるのか、安全性の観点でどれだけの価値があるのか。

それがたいしたものでなければ、早めに停止を指示して、ほかのことに脳のメモリーを取っておいたほうがよいのではないか。他の飛行機の処理に注力したほうがメリットが大きいのではないか——といった分析にもとづいて判断を行ないます。

しかし、この飛行機を先に通してしまえば、じつはその後ろに続く、よりたくさんの飛行機を通過させることができる。裏を返せば、そこを詰まらせてしまうと、後続の流れも滞って自分の首がさらに絞まるという可能性があれば、そこはほかの作業に優先して重視すべきポイントと考えてよいのです。

管制業務は、自分の技量を高めてより良い交通の流れをつくり出す職人芸のような性質があります。ともすると、職人が陥りやすい落とし穴というものがあるのです。

それは、100パーセントベストな結果を得たい、究極の仕事をしたいという感情。でもそれは自分にとっての究極であって、はたして、パイロットや乗客の目線で見たときに、じつはたいした意味はないのではないか、と立ち返って客観視する必要があります。

意味のない完璧さにこだわるよりも、切り捨てるところは切り捨て、頭のなかをクリアにして余裕を持たせておき、次の思考に使ったほうがいいこともあるでしょう。

管制官は自分が事前に計画したことに変にこだわらずに、自分のやろうとしていることにどれだけのメリットがあるのかを重視して、次の一手を決めることが重要だと思います。無理をして、脳内がパンク状態になることを、誰も望んでいないからです。

管制官の仕事に「マルチタスク」はつきもの?

管制官の仕事は「究極のマルチタスク」と思われているかもしれません。たしかに、無線で交信しながら、手元でメモをとったり、情報共有や記録を残すためにシステムに入力することもあれば、レーダー画面を操作したり、身振り手振りで意思疎通を図ることもあります。しかし、それらはけっして管制官特有のマルチタスク能力がなせる技でもなんでもなく、通常の人間が持つ能力の範囲内でやっているだけだと思っています。

実際は同時に処理しているというより、あらかじめ優先順位をつけて、事前の準備をしておいたものを同時並行で進めている、という感覚が正しい説明でしょう。

1つひとつのタスクについて、実際はかなり前から予測して準備したうえで待ち構えているから次へと処理できるのであって、それがまるでその瞬間にインプット、アウトプットを次から次へとくり返して処理しているように見えるだけなのではないかと思います。少なくとも私自身はマルチタスクを行なっている感覚はないですし、むしろマルチタスクはやらずに済むように心がけていました。

マルチタスクは、好んで行なうものではなく、なるべくならやらないほうがよいけれど、仕方なく同時処理せざるを得ない状況になってしまうものであるべきです。

もちろんその〝仕方ない〟状況も当然のことながら多々あります。避けられないものは避けられません。でも、あらかじめやれる作業は先に終わらせておき、その瞬間は、そこだけに集中しても問題ないように環境を整えておかなければいけません。

同時処理を発揮する瞬間に備え、本当に同時処理のようなことをやらなければ切り抜けられないレベルのタスクだけに特化して、瞬発力を発揮する――これがマルチタスクができているように見える秘密なのです。

滑走路で事故発生！ そのとき管制官は何をする？

起きてはならないことですが、もしも実際に事故が起きてしまったら、そのときは管制官としてどのように対応するのでしょうか。

管制官が最初に事故に気づいたら、まずは関係各所への通報です。管制室にはクラッシュホンという緊急電話があるので、これを使用します。ボタン1つで作動し、通報が必要な先にダイレクトにつながってスピーカーから放送される仕組みです。「滑走路上で事故発生。当該機は着陸時に滑走路から逸脱、……」というような通報を一斉に行ないます。

そこからは、可能な限り、情報収集を進めます。何が起きていて、その原因と考えられるもの、そして今後どうなるのか。乗員乗客の人数、残燃料、積載(せきさい)貨物に危険物があるか。初動対応を最優先に考え、そのための必要最低限の情報収集を開始します。

情報収集と並行して、事故機以外の飛行機をどのように処理するか、また今後の滑走路運用をどうするか管制塔内で決めなければいけません。

まず、消防車が出動するのであれば、その時点で滑走路は閉鎖しなければいけません。

理由は2つあります。1つは、飛行機や滑走路点検の専用車両以外が滑走路に立ち入った時点で滑走路は自動的に閉鎖です。再度、点検車両が入って安全を確認しない限り、再開できない決まりになっています。

もう1つは、消火能力。空港では、いつどこで事故が起きたとしても、3分以内に駆けつけて消火できる態勢を確保できていなければならない国際基準があります。

米国のNFPA403（空港での標準的な航空機救助消防サービス）及び日本の空港における消火救難体制の整備基準では、出動の発令から4分以内に消火活動を開始するといった記載がありますが、そもそも飛行機の機体外部に火災が発生してから3分程度で、キャビンの窓が融解（ゆうかい）し、内部まで影響が出るといわれているため、3分という数字が目安になっているようです。

もしも、1つの滑走路に消防車が集中して出払ってしまったら、この基準を満たすことができなくなるため、他の滑走路も運用を中止して閉鎖しなければならないのです。

問題は到着機の対応です。事故が起きた直後、すでに着陸動作に入っている飛行機がいたとしたら、これをどうするか。

状況によってはすでに着陸寸前で、そこからゴーアラウンドを指示するほうがむしろ危険というケースもあります。その場合は、着陸許可をあえて取り消さずに見届けるのも1つの選択かと思います。こういった状況は、まさに「最良の判断」に従ってその場でその管制官が判断することですので、本書では断言できません。

あるいは、事故が起きた時点で滑走路に向かっていた出発機がいる場合、パイロットの意向も確認しつつ、消防車両、点検車両など地上側から支援する車両などの走行と干渉しないよう誘導しなければいけません。この時点では滑走路運用再開の目処は立たないでしょうから、ほとんどの出発機がターミナルビルに一度引き返すことになると思います。

ただし、軽微なトラブルで、ほどなくして解消されるだろうという見込みがある場合、管制官の情報提供の仕方にもよりますが、パイロットはあえて誘導路で待ちたいということもあるかもしれません。

軽微なトラブルを事故と呼ぶかはさておき、15〜20分程度で運用再開する見込みなら駐機場に戻らず、ここで待っていたほうがいい、と判断するパイロットもいるでしょう。同じ条件でも、「管制官は15〜20分で再開するといっているが、とても無理だろう。だったら駐機場に戻りたい」と考えるパイロットもいるでしょう。

あるいは、トラブル機がいないほうの滑走路が先に運用再開されることに期待して、遠回りにはなるがそちらに向かいたい、そう考えるパイロットもいます。そういった各自の要望に備えて、より正確な情報を準備し、判断材料を与えるのも管制官の仕事です。それには、情報を集めたうえで、管制室内で運用方針を検討しておく必要もあります。

たとえば、予定通りに20分後に再開したとしても、当面は上空で待機していた到着機を優先的に着陸させるほうが、公平性の観点で理にかなっているかもしれません。そうなれば、出発機は運用再開後も遅れ気味となり、駐機場で待機していたほうが無難です。

あるいは、その10分後にもう1本の滑走路も再稼働して2本使えるなら、一方を出発専用、もう一方を着陸専用にしてしまう、という選択もとることができます。

だからこそ、何分後に滑走路を再開して、再開後はどのように運用するのか、事前に管制室のなかで決めておかなければならないのです。

突発的に起きる事故、トラブルは業務負荷が急激に上がりますが、そういうときこそ管制官の存在が求められているといえます。平常心で二次被害を食い止めるべく冷静に淡々と処理できる、それこそが管制官がプロであるもっともな証(あか)しといえるでしょう。

管制官に求められる知識とスキル

管制官は、どんな身分で業務を行なっている？

本章では、「管制官とは、実際にどんな人たちなのか？」ということについて、とことん掘り下げてみます。

まず、管制官は国家公務員です。「航空管制官採用試験」という、管制官になることに特化した国家試験に合格した国土交通省の職員ということになります。

管制の仕事を行なう職種はもう1つ、防衛省の管制員があります。こちらはおもに自衛隊が管理する飛行場で、自衛隊機の管制を行ないます。飛行訓練、防衛演習、他国との共同訓練、あるいは実際に他国から偵察機による領空侵犯の可能性があり、スクランブル発進するときなどは、防衛省所属の管制員が管制を担当します。

防衛省の管制員になるには、まず自衛官の採用試験に合格し、陸上自衛隊、海上自衛隊、航空自衛隊のそれぞれの部隊に配属されたあと、内部で適正試験を受けるなどのプロセスを経て第5術科学校に入り、航空管制に関する研修を受けてから現場配属、という流れになります。

防衛省の管制員は自衛隊機を管制すると述べましたが、じつは、民間機を管制している施設が8か所あります。新千歳空港、札幌丘珠空港（北海道）、三沢空港（青森県）、茨城空港（茨城県）、小松空港（石川県）、県営名古屋空港（愛知県）、米子鬼太郎空港（鳥取県）、徳島空港（徳島県）です。

新千歳空港は、自衛隊の千歳基地と隣接しており、管制は民間機と自衛隊機を一括して自衛隊が行なっています。なお、２０２８年9月に新しい管制塔が運用を開始する予定で、報道によれば、民間機が離着陸する新千歳空港側の管制は国土交通省に移管される方針とのことです。茨城空港は、元々は自衛隊の百里基地でしたが、２０１０（平成22）年から民間機にも開放することになりました。それを契機に現在の茨城空港へと改名しましたが、管制はその後も引き続き防衛省が行なっている、というのが経緯です。

現在、各省の公式発表によると、国土交通省の管制官は約２０００人、防衛省の管制員は約７００人いるということです。

管制はなぜ、国家公務員が行なうのか。そう疑問に感じる方もいることでしょう。日本の航空会社はすべて民間企業、パイロットも民間企業の社員なのに、管制官だけが公務員なのは不思議に思うかもしれません。航空会社と同じような知識、ノウハウを持つ管制官を民間から出してもよさそうな気もします。しかし、管制に求められる役割をよくよく考えてみれば、疑問の答えが見えてきます。

管制官にとって判断が難しいことの1つに、ゴーアラウンド（着陸復行）があります。出発機が離陸滑走中、その滑走路に到着が迫る状況において、どこまで接近した段階でゴーアラウンドの指示を出すのか。あるいは、着陸を待っている飛行機が数機ある場合、どの飛行機を先に降ろすのか。

それは、数秒の違いで判断が変わる微妙なシチュエーションです。ゴーアラウンド、つまり1回着陸をやり直すことになれば、着陸を待つ列の最後尾につくことになり、時間的なロスになります。

後続機がなく、騒音問題などもまったくない空港であれば、小回りに周回してもう一度着陸に向かうことができますが、大空港ではそうはいきません。時間のロスに加え、燃料代として10万～20万円程度の損失が発生するでしょう。それはもちろん、管制官も理解したうえで、やむを得ずゴーアラウンドの指示を出しているわけです。

これを民間、とりわけ航空会社の社員が担当するとなれば、どうしても〝社員目線〟が入りこむことになりかねません。つまり、自社の飛行機を効率よく着陸させようという気持ちが入りこみ、純粋な判断ができないかもしれない、ということです。民間企業は利益をあげることが最大の目的なのですから、航空会社としても効率化を優先することは仕方のないことでしょう。

ゴーアラウンドは一例に過ぎませんが、管制官はさまざまな局面で難しい判断を求められます。やはり公正中立という意味では第三者機関であるべき、できれば営利目的ではない国の組織が行なうほうが、利害にとらわれない判断ができると思います。

世界中を見渡しても、たいていの国の管制は政府組織の下で行なわれている場合がほとんどです。一部に民営化している国（イギリス、カナダなど）もありますが、国も主要株主として運営に参加しており、完全な民間組織ではありません。日本でいえば日本郵政やNTTのような位置づけになります。

たとえばイギリスは、NATSという民間企業が国内の航空管制を担っていますが、以前は日本の成田国際空港株式会社と同様、民間航空当局の子会社でした。そして2001（平成13）年、官民連携プロジェクトとして英国政府が49パーセント、民間（航空会社連合、空港会社など）が51パーセントの株を持つ形態となり、今に至ります。

なお、管制官の中立性については、航空法にもその裏づけとなる条文があります。

「第96条第1項（航空交通の指示）航空機は、（中略）国土交通大臣が安全かつ円滑な航空交通の確保を考慮して（中略）与える指示に従って航行しなければならない」

つまり、「管制官は国土交通省大臣と同じ権限を持って指示を出す」と書かれているのです。さらに、航空法施行規則第２４０条（職権の委任）の条文にて、「地方航空局長に委任している」という建てつけになります。

大もとをたどれば、国が安全かつ円滑な航空交通を確保するために指示を行なっている――それが管制官の仕事なのです。責任が重いのも当然です。

管制官になるには何を学ぶ必要がある？

管制官への道は、まず、採用試験に合格して「航空保安大学校」に入学するところから始まります。

航空保安大学校では、航空管制に必要な航空業界の基本的な知識、管制方式基準、航空法、英語、航空無線通信士資格の取得に向けた勉強など、管制官として身につけておくべき基礎を徹底的に叩きこまれます。こうした座学と並行して、シミュレーターを用いた実習も行なわれます。シミュレーターは現場と同様の環境を再現しており、巨大なディスプレイには管制塔の高さから見た風景も映し出されます。

この管制シミュレーターを使って、本番さながらのシチュエーションで模擬(もぎ)演習を行ないます。このとき、管制官と交信するパイロット役も学生が務めます。飛行機の機数と同じ数だけパイロット役の学生が配置され、交信に従って飛行機を動かすのです。この演習により、管制官側とパイロット側、両方の立場を体験することができます。

実習は、最初は「飛行機が数機のみ」という比較的把握(はあく)しやすいシチュエーションから始めます。このあいだに、座学で覚えた難しい管制用語を、状況に応じてとっさに口から出せるように〝経験〟を積むわけです。シミュレーターは、管制塔での管制だけでなく、ターミナルレーダー管制や航空路管制用の機材もそろっています。

シミュレーターでの実習はとても有意義ですが、稼働させるには多くの人員を要するので、いつでも使えるわけではありません。

そのため、同期同士で集まり、空港のレイアウトが書かれた紙や飛行機の形をした磁石などを使って、「こういう場合はどう判断するのか」「指示はどう出したらいいのか」などと話し合いながら、実習の予行練習も行ないます。

このあたり、もしかしたら私の体験談はすでに昔話かもしれませんが、実習でいきなりうまくできるほど簡単なものではないことはたしかです。

管制用語の勉強ばかりではなく、通常の英語の授業もあれば、航空機の機体について学ぶ航空工学の授業もあります。また、管制のシステムやレーダーはどのような仕組みで動いているのか、技術的な知識も身につけます。管制が絡む過去の重大事故からヒューマンエラーが起きる背景、性質などを学習する授業もあります。

これらを8か月間、全寮制で朝から夕方まで座学や実習をこなし、空き時間には自主的に勉強や練習をしながら、管制官の発令を目指します。近年は年間の採用数も増加傾向にあり、年間80~90人の管制官が養成されています。

管制官と同じく、航空管制に携わる専門職として、航空管制運航情報官（以下、運航情報官）、航空管制管制技術官（以下、管制技術官）があります。

運航情報官の業務は多岐にわたります。たとえば、飛行計画書の申請を受けつけて、記載内容の審査後に承認を行ない、管制システムに登録します。また、空港の運用情報を収集して配信しているのも運航情報官です。

さらに、管制官が常駐していない「レディオ空港」と呼ばれる空港では、パイロットが自分で判断して離着陸するための情報を、運航情報官が提供します。なお、本書でも何度も登場する「滑走路の点検車両」は、国が管理する空港では運航情報官が運転します。管制官と同じように、航空機と直接交信を行なうこともあります。

管制技術官は、航空に関する設備や機材の導入、メンテナンスを行なっています。管制官が使用するシステムのハードウェア、ソフトウェア、全国にあるレーダー施設のメンテナンスも同様です。

管制官にとっては不可欠な存在で、ふだん使っている装置の調子が悪い、使えるはずの機能が使えないというときは、すぐに駆けつけてくれます。

運航情報官、管制技術官も、航空保安大学校での研修後に現場へ配属となります。

現場での訓練は「痛い思い」と「努力」のくり返し

2024（令和6）年4月現在、国内の空港は97あり、そのうち管制官が配置されているのは33空港です。勤務地としては、この33空港に加え、国内4か所の航空交通管制部や1か所の航空交通管理センター、東京・霞が関の国土交通省、東京航空局、大阪航空局などがあります。

空港や航空交通管制部などで現場業務に従事する際には、あらためて、その官署個別の訓練を受け、資格試験に合格しないと、単独で業務につくことはできません。

そして、これらの試験は、航空保安大学校の卒業よりもハードルが高い場合があります。標準的な訓練期間としては航空保安大学校の8か月間を超えるところも多いのです。

航空保安大学校で学ぶことは、あくまで基礎の勉強です。実習で学ぶことも、おそらくどこの空港でもあり得るだろう〝一般的な〟シチュエーションの範囲となっています。

しかし、実際には、それぞれの空港にはそれぞれの特殊性があります。滑走路の本数、運用方法、出発経路と到着経路の注意ポイント、レーダー空域の形状、駐機場と航空会社の対応、地上走行経路の注意ポイント、交通量のピーク時間帯など、働く場所が変わればまた「イチからやり直し」といっても過言ではありません。

そして何よりも実習と異なることは、生身（なまみ）のパイロットを相手にする際のリスク対策です。実習では管制官がパイロット役を務めるため、こちらの指示をきちんと理解し、その通り素直に動いてくれますが、現場ではそう簡単にはいきません。空の安全を守るコミュニケーション術について、ときには痛い思いもしながら学ぶのが現場の訓練です。

実際に現場に配属されたら、数週間程度の講習を受け、空港の地形や周辺の地名、出発到着経路、航空路や地点などの基礎情報を覚えます。その際にシミュレーターが設置されている空港では、これも併用して研修を行なうこともあります。

それが終わると、調整席の研修です。実際にパイロットと交信する前に、管制組織や空港の関連機関との調整業務の訓練を受けながら、管制のリアルな現場を体験していきます。調整業務もけっして簡単なものではありませんが、パイロットと交信する前の「慣らし」には、うってつけなのです。

そして、ここからが長い道のりです。訓練生のあいだは、その空港における資格を有する管制官が常に横について交信を行ないます。最初は見よう見まねでやってみるものの、先を予測したスムーズな管制には程遠いものです。有資格者の管制官に指導されながら、少しずつ管制の実務を習得していきます。

こうして数か月もすると、交通量が少ない時間帯であればそれなりにミスも減り、自信もついてきます。

しかし、慣れてきたからこそその〝落とし穴〟もあります。交通状況をしっかり把握しているつもりで交信していたら、パイロットから確認されて見落としがあったことに気づいたり、パイロットが聞き慣れない単語を発し、何をいっているのかまったくわからず、しどろもどろになってしまったり……。そんなときは、訓練監督の管制官に交信を割りこまれて、自分はその場所にいるだけの、ただの「聞き役」と化します。

自分の力量のなさを思い知る瞬間です。限界を自覚します。そしてさらに技量に磨きをかけようと努力します。そのくり返しです。

そうして、訓練標準期間内に、「そろそろ実地試験を受けてもいいだろう」とリコメンデーション（推薦）をもらえれば、試験を受けることができます。

試験は、基本的にその空港でもっとも忙しい時間帯をメインに、すべての管制席で行なわれます。さらに、口述試験で航空管制の知識や、判断に迷うケースについての考えを評価されます。試験官から合格をもらえれば、〝一人前〟の管制官になれるというわけです。

なお、この訓練プロセスは私が受けた当時のものであり、現在公表されている最新の訓練資料によれば、コンピテンシーベース訓練評価（ＣＢＴＡ）と呼ばれる、管制業務に従事する者が備えておくべき素養（コンピテンシー）が身についているかどうかを最終的な評価軸に置き、その体得のために標準化された訓練、シミュレーター中心の訓練などに移行しているようです。

パイロットの立場になって管制を学ぶ「搭乗訓練」

一人前の管制官になっても、研修の機会はあります。その1つが「搭乗訓練」。実際にコクピットに乗りこみ、パイロットの仕事ぶりを直（じか）に見ながら意見交換するというものです。

この制度は管制官に限ったものではなく、運航情報官や管制技術官、そのほか空港職員や飛行機に携わるメーカーの技術者、あるいは海外の関係者が日本の航空会社のやり方を学ぶために国際交流を兼（か）ねて乗る、というケースもあるようです。

搭乗訓練中は、自分もパイロットと同じようにヘッドセットをつけて管制官との交信を聞くことができます。同僚が話している声をパイロット側の立場で聞くことで、頭のなかに管制室やレーダー室の風景を思い浮かべながら、自分の声がどのように届いているのか擬似（ぎじ）体験することができます。

そんななか、パイロットの作業を見ていると、いろいろと学ぶことが多いのです。まず、管制室の静かな環境と違い、エンジン音や計器からの音など、交信するうえでの雑音がかなりあることに気がつきます。また、管制室では飛行機の情報がリスト化されており、交信する相手は基本的にすべて、視覚的に把握できているという前提があります。

しかし、コクピットの環境では、管制官がどのコールサインを呼び出しているのかは耳から入る音声だけが頼りです。当該機のパイロットが自分の便名を聞き取ることができなければ、交信はそのままスルーされてしまい、あとの指示は無駄になってしまいます。音声の強弱、スピードなどのメリハリは、聞き手にとって重要な気づかいであることを自覚しました。

さらには、「このタイミングでは、コクピットではこんな作業をしている」「ここで指示を出したら、マルチタスクになってしまう」「管制官との無線以外に、キャビンや航空会社とも無線でやりとりしている」など、さまざまなことがわかってきます。

管制官を続けていると、つい自分本位になり、パイロットは管制官との交信を集中して聞くのが当たり前だと思ってしまいがちですが、実際はたくさんある作業の1つにしか過ぎません。

まず、フライトファースト。次に航空会社としての乗客へのサービス。それから、自社の運航支援部門への情報提供。管制官との交信も重要であるものの、それだけに集中できる仕事ではないことがよくわかります。

また、搭乗訓練では、ふだん無線では聞けない２人のパイロット間のやりとりも知ることができます。通常、２人のパイロットは、操縦と交信（操縦のモニタリング含む）を分担します。たとえば、機長が操縦しているときは、副機長が交信を担当し、その逆の場合もあります。

そのときに、操縦役と交信役はどのように意思統一を図っているのか、操縦役が交信の内容を理解し了解したことを、交信でどうやって返しているのか、その様子も搭乗訓練で実際に見て知ることができます。

操縦役も交信役も同じ交信を聞いていますが、交信役は音声が流れた際に、操縦役のほうをチラッと見ます。操縦役は親指を上げて見せるサインを出して、その指示を理解し、従うことを意味する了解の意を伝えます。

そのアクションが見られないときや、操縦役から「コンファームして」などのひと言があれば、交信役は管制官に確認をとります。このとき、交信役は自分では指示をきちんと理解していると思っていても、操縦役とのあいだのみでなく、管制官にも確認することが重要なのだと思います。そうすることで、交信役の思いこみや誤解を防げるのでしょう。

こうした体験から、多くのことが得られます。どのタイミングでパイロットに話しかけるのがいいのか。どこを強調して発音するのがいいのか。前述した「チェックリストの最中に話しかけてはいけない」（76ページ参照）ということも実感として納得できます。

搭乗訓練中に乗員から聞いた話ですが、乗員のほうもいろいろな人に搭乗訓練の場を提供するなかで、管制官が搭乗する日は会話が盛り上がるようです。乗員から管制官に聞きたいことがたくさんあり、「なぜ、この空港ではこうなっているのか？」とか、「このあいだ、こんなヒヤリとしたことがあったけど裏側はどうなっていたのか？」など、質問できる機会は貴重だと捉（とら）えているようです。

密室で長い時間をかけて意見交換できる機会はそうあることではないので、パイロット側も関心が高いように感じられます。

こんな人は管制官に向いていない❶…完璧主義の人

ここからは「管制官に向いている人、向いていない人」について、私なりの意見を述べていきます。独断と偏見を含んだ、著者自身のフィルターを通した見解であることをご承知おきください。

「管制官はどんな人が向いているのか」を説明する前に、「こんな人は管制官に向かない」という話をしましょう。

まず、まっさきに思い浮かぶのが、完璧主義の人。すべてがきっちりしていないと気が済まないようなタイプは、管制の仕事には向いていないでしょう。

スポーツでは「10回トライして、そのうち1回でも高得点がとれればいい」という競技もあれば、「10回の平均点」で競うものもあります。管制は、確実に後者に分類されるでしょう。たまに高得点をとるよりも、コンスタントに90点以上を、確実に、ミスなくとり続けることができる。それが管制官に求められる資質だと思います。

100点を狙いにいくと、ちょっとしたミスがあった瞬間に大きく崩れてしまうことがあります。そのために結果が70点になってしまっては意味がありません。

もちろん、100点をとらなくてもよいという意味ではありません。誰もが本当は100点を目指しています。

しかし、リスクを考えたときに「あえて、そこまで狙うほど危険を冒(おか)す必要はないのではないか」と思った瞬間、それまでの考えをきっぱり切り捨てて、安全に90点をとりにいくという判断ができるかどうか。それができない完璧主義の人は、向いていないのです。

極端な話、少々格好が悪くても、飛行機を「当て」さえしなければ、つまり、最低限の安全を確保できればそれでいいと割り切ることが重要なのです。

こんな人は管制官に向いていない❷…柔軟性がない人

完璧主義と似ていますが、柔軟性がない人も管制官には向いていないと思います。つまり、自分のやり方を曲げられない人です。

たとえば、子どもの頃から優秀で、いつもほめられて育ってきた人、ミスをして怒られたり、他人に咎(とが)められたりせずに生きてきた人、このような人たちは、他人からアドバイスを受けても、どこかで自分のほうが正しいはずだという気持ちが勝っている気がします。

日常生活でも、予定が変更になったときに必要以上に焦(あせ)る傾向にあります。そもそも「変更などあってほしくない」と思っているのです。

たとえば、「ちょうど2週間後」とピンポイントで日にちを決めて、人と会う約束をしたとしましょう。ところが3日前になって、相手が「会う日を別の日にしてほしい」といってきました。そんなときに、どう感じるでしょうか。

すんなり受け入れて、「ＯＫ、じゃあ翌週にしましょう」と気持ちよく受け入れる、よい意味で〝何とも思わない〟人もいます。一方で、「自分は、ずっとこの日に会うつもりでいたのだから納得いかない」とわだかまりを感じてしまう、という人もいます。

管制官に向いているのは、何とも思わない人です。「これがダメだったら、じゃあ次のプランで」ときっぱり切り替えて集中できる人、それは前述した「１００点でなくても90点をとりにいける人」と似ていると思います。

ずっと前から計画していたプランを１００点だとして、それが90点になっても「会う」という目的は達成できるのだからそれでいい、というところに行き着けるかどうか。その思考にわだかまりを残さずに至ることができる人が、管制官には向いているのです。

こんな人は管制官に向いていない❸…1人で抱えこむ人

困っているとき、自分で何とか切り抜けようとして溜(た)めこんでしまう人がいます。最後までやり切れるならまだしも、周りがヒヤヒヤするような状況をつくってしまう時点で、その人は、管制官には向いていません。

それを助長(じょちょう)する存在として、「聞く耳を持たない人」という人もいます。誰かに相談しようとしたとき、話しかけやすい人、話しかけにくい人がどうしてもいるものです。人と人の相性もありますが、話しかけにくい人とはおそらく、「自分の問題は自分で解決しなければいけない」「自分で解決するのが当然だ」「人に頼ってはいけない」という価値観を持っているのだと思います。

あるいは、「自分を巻きこまないでくれ」、もっといえば「迷惑だ」と内心では思っているかもしれません。

1人で抱えこむ人と、聞く耳を持たない人、どちらも自分の内(うち)にこもってしまっている、という意味では同じことだと思います。チームワークが何より大切な管制の仕事において、殻に閉じこもってしまう人は、周囲からすれば扱いに困る存在になるでしょう。

こんな人は管制官に向いていない④…感情的になりやすい人

管制の仕事は、感情を見せずに淡々と処理することが重要です。逆にいえば、怒りに支配される人はまったく向いていないといえます。

YouTubeなどでは、怒り声で会話する管制官やパイロットの交信記録が面白おかしくとりあげられたりしていますが、無線交信をしている相手に感情を悟られたら、何もよいことはありません。

そもそも、もっとも聞き取りやすい声は、冷静で抑揚が少なく安定した声、ラジオのアナウンサーやパーソナリティの声だということは4章で述べた通りです。泣いたり笑ったり怒ったり、人が感情的になっているときは、何をいっているのかわかりづらいということは誰もが経験しているでしょう。

聞き取りづらいだけでなく、感情的になっている人とは、意思疎通が図りにくいというマイナス面もあります。そもそも無線で言い争いをしても何もいいことはないのです。交信の時間は限られています。自分に任された1コマの時間を、いかに無駄なく有効に使うか。かつ、いかにして静かな時間をつくり、少しでも思考に使える時間を増やすかが大事な技術の1つなのです。

たしかに、相手にイラッとするときは誰にでもあります。ましてや管制は大きなプレッシャーのなか、常に複数のパイロットと交信しているので、なおさら余裕がなくなりやすい状態にあります。

自分がいったことが伝わらないからといって、その相手に対してイラついているわけではなく、そのシチュエーションに対して焦りを感じているわけで、むしろ自分自身にイラッとしているという側面もあるわけです。

そうなると、聞き取れない、伝わらないことで自分自身が追いこまれ、余計に強く言葉を発してしまう、というループにはまることになります。こちらが感情的になれば、相手も感情的に返す、という悪循環になってしまい、ただただ生産性のない無駄な無線が増えるだけです。本当にクレームを入れたいなら、組織を通じて正式にメールなどで抗議するほうが建設的なのではないか、とも思います。

こんな人は管制官に向いていない⑤…失敗を引きずる人

「ミス」や「エラー」という言葉は、程度の大小を問わず、また使い分けもされないまま使われることが多いものですが、本来はその失敗度合いに応じて、言葉の使い方には慎重であるべきです。

実際、「凡ミス」や「軽微（けいび）なエラー」などの言葉が存在するわけで、航空管制においても深刻に捉えるべき、早急な改善が必要なミスもあれば、「誰でもやるから、そんなに気にしなくていいよ」と周囲から慰められるような失敗もあります。

ここで大事なことは「ミスやエラーはたいていの場合、気にしてもしようがない」ということです。もっと正確にいえば、「失敗を引きずるほど、次のパフォーマンスを下げて損をする」。

「反省が無駄」ということではなく、勤務が終わってからじっくり自問自答し、次に活かすべきであって、勤務中であるならば過去よりも今、そして先の管制に、自分の持てる全力を出すことを意識しなければならないということです。

これと似た話で、先のことを不安視しすぎることも、よい方向には働きません。自分の判断が本当によいものだったのか、数分後には判明する答えを気にして、必要以上に不安を感じるのは、その後の管制にマイナスに働くように思います。

「案ずるより産むが易し」という言葉があります。管制で置き換えるなら、「自分で決めたなら、その判断が正しい結果になるよう、今できることを考えて実行せよ」となるでしょう。開き直りの精神を持つことも、平常心を保つうえでは重要だと思います。

こんな人は管制官に向いていない⑥…上下関係を重んじる人

管制官となって現場で仕事をするとき、長年にわたってキャリアを積み重ねてきた先輩と一緒のシフトとなることは、よくあります。

当然、知識も経験も技量も相手のほうが上回っているのは当然で、自分が新人、もしくは数年程度のキャリアしかない管制官であれば、引け目を感じてしまうのも仕方のないことです。しかし、不思議なことに、管制の現場で上下関係が厳しかった記憶はありません。

理由は定かではないのですが、あえて挙げるとするならば、第一に敬語や丁寧語の使い方、謙遜（けんそん）するといった建前を気にする余裕がないということ。目の前で飛行機同士が交錯（こうさく）するかもしれないというときに「申し訳ございませんが、今、お時間大丈夫でしょうか。この飛行機と飛行機がですね……」などと切り出していたら、相手にとってみたら迷惑この上ないのです。

常に複数の航空機と交信しながら、脳内でさまざまなことを考えているときに、長々と話しかけられたら「聞くだけ無駄」と内容を問わずに判断せざるを得ないのです。このように、業務の性質上、コミュニケーションは自然と効率重視となるため、一般的に重んじられるような上下関係をあまり感じることがないのかもしれません。

基本的に英語を使っていることも影響しているように感じます。パイロットの交信だけでなく、管制室の内部でもさまざまな英語が飛び交います。たとえば、「ラジャー」という言葉。日本語に直すと「了解」になりますが、一般的に目上の人に対しては「かしこまりました」や「承知しました」が使われるでしょう。

しかし、管制官はこの「ラジャー」という言葉を多用することから、日本語でも「了解」で応答を済ませることが当たり前となり、同様にほかの言葉でも、端的で、発音も短く、そして誤解なく伝わる言い回しが好まれる傾向にあります。

言葉づかいや、言い回しだけではありません。航空管制の世界では、上下関係や経験、年齢が上の者の考えに従う（これを「権威勾配が急である」ともいいます）ということは、まったく推奨されていません。たとえ目上であっても、経験値が自分より高い相手であっても、失敗しない、見落としをしない人間などいないからです。

管制室内にいる管制官のなかで、自分だけが事故一歩手前の危険な状況を察知して「あれ、危険です！」と大声を上げて、周りを振り向かせることもできるのです。そんなときに、自分は下っ端だからと気にして喉がつまる……など、言語道断。管制官に上も下もなく、皆同じく「安全の奴隷」になる必要があるのです。

こんな人が管制官に向いている①…相手に「譲れる」人

あえて「管制官に向いていない人」の説明を先に述べたのには、理由があります。それは、向いている人のタイプが多彩だったからです。向いていない要素がなければ、それだけですでに「管制官に向いているタイプ」だといえると思います。

管制官に向いている人とは、どんな資質を持った人なのか。私自身の実際の体験で感じたことをお話ししましょう。

成田空港で滑走路担当をしていた当時、成田には2本ある滑走路のどちらも出発と到着に使用する、という運用の仕方でした。

そのとき、どちらの滑走路にも到着機が近づいていて、出発機をいつ出すのか、つまり到着機の前に出すのか、あとに出すのか、という判断を迫られていました。別々の滑走路とはいえ、出発機を同時に出すわけにはいきません。レーダー管制に引き渡した時点での安全間隔を確保しなければならないからです。このような場合、どちらを先に出すかを管制官のあいだで決めることになります。

このとき私は、調整席について、事の成り行きを観察していました。そして、A滑走路からの出発機（Aとします）を先に出したほうが効率的だと予想していました。というのも、もう1つのB滑走路に近づいている到着機のほうが、A滑走路への到着機よりも少しだけ遠くにあったので、A滑走路から先に出発機を出しても、B滑走路から出発機（Bとします）を出す時間はギリギリあると考えたのです。

もし、B滑走路の出発機（B）を先に出したら、出発機（A）は到着機の前に出発させる時間が足りない、今はそんなタイミングだ……調整役をしながら、自分には、そう見えていました。

ようは自分の予想通りなら、到着機が2機降りる前に出発機を2機捌くことができる。逆にすれば、2機の到着機の前に1機の出発しか捌けない、そう読んでいたわけです。

しかし、あえて口にせず、2本の滑走路を担当する両管制官の成り行きを様子見していました。

そのとき、B滑走路の管制官の判断は、「こちら（B）を先に出しますね」というものでした。Ａ滑走路の管制官は、その判断を了承しました。もしも、１００点にこだわるなら、「ここはこちら（Ａ）を先に出したほうが効率的だよ」と主張することもできたはずです。

それでも、Ａ滑走路の管制官は相手の状況を見て、「ここは彼のプランに従ってあげたほうがいいだろうと判断したのだ」と推察しました。Ａ滑走路の管制官は、自分のプランを捨てて、より〝安全〟なプランに同意したのです。

前にも述べましたが、管制の面白いところは「答え合わせが、すぐにできること」です。出発機が出たあとにレーダーの機影を追いかければ、「やっぱり、こちら（Ａ）を先に出したほうが効率的だった」ということが判明します。でも、それでも「よし」とできるかどうか、それが管制官に向いているかどうかの分かれ目のように思います。

たしかに、１００点をとりにいくのならＡが先のプランがいい。でも、それはあくまで、かかわるメンバーが交通状況をきちんと把握し、お互いの思考が一致していて、これがベストプランだとプロとプロが読み合った結果がそろったときに、実現するものです。

しかし、実際のシチュエーションは、すべてが嚙み合うことばかりではありません。ときには相手の事情を酌んであげて、「向こうがそう思っているのなら、そっちで行こう」と思考を切り替えることができるかどうか、これが重要なポイントなのです。

こんな人が管制官に向いている❷…優先順位をつけられる人

　ここまで、管制官に求められる適性の話をしましたが、もちろん、経験値を積むことで身につけることができる技術もあります。

　たとえば、優先順位を見極めるということ。状況を見て相手の選択を優先して考え、そのあいだに自分のやれることをやっておこう、という順位づけも大切ですが、場合によっては「今、自分のこの作業を優先して処理しておかなければならない」というケースもあります。そのときの優先順位は譲(ゆず)ってはいけないのです。

　管制官は常に複数の飛行機を抱え、いつかはやらなければならないタスクも同時に複数あるなかで、今、何を優先すべきなのかということをいつも考えています。

　身近な例を挙げましょう。エレベーターに乗ったら、まずどのボタンを押すか。ここにも優先順位があります。一般的には、まず目的階のボタンを押す人が多いでしょう。5階に行きたいのなら、まず「5」のボタンを押してから「閉」を押す。でも、私の場合は「閉」を押してから「5」を押します。

目的は「素早く的確に」です。数字を先に押せば、そのぶんだけ、扉が閉まるのが遅くなります。先に「閉」を押しておいて、扉が閉まりかけた時点でゆっくりと階数のボタンを押せばよいのです。

「なんとせっかちな」と思われたかもしれませんが、重きを置くのはそこではありません。ミスを防ぐには、手順通りにやらないことも最善手になるのです。

急いでボタンを押そうとして、間違った数字を押してしまった経験はないでしょうか。おそらくは一緒に乗りこむ同乗者がいるときに発生しやすいと思います。「早く押さなきゃ」という思いがプレッシャーとなり、数字を押すことを焦ってケアレスミスが起きるのです。エレベーターに乗ったら、まずは扉を閉める。それからひと呼吸置いて階数のボタンを押す。それだけです。

もちろん、そんな細かい節約やミスタッチなんか気にならない、という人がほとんどでしょう。ここでは、日常的で単純な例を挙げたまでです。実際の管制官の仕事は、ずっと複雑ですし、世の中のさまざまな仕事もまた、エレベーターに乗るよりもずっと複雑でさまざまなタスクが絡んでくるはずです。

そんなとき、まず考えるべきことは「目的は何か」ということです。手順を守ることも、崩すことも手段です。何も考えずに手順を守るのではなく、「ここは手順を守ることが目的に適って(かな)いる」と判断したうえで選択すること。それが管制で優先順位を誤ら(あやま)ない技術の習得につながってきます。

こんな人が管制官に向いている③…チームワークを高められる人

「管制はチームワークが大切だ」とくり返し述べてきましたが、チームワークを高められる資質を持っている人も、この仕事に向いているといえるでしょう。

周囲がちゃんと見えていて、細かなところに気がつく人。性質でいえば若干ナイーブで神経質なところがある人。慎重なタイプで繊細な心を持っているが、けっしてその心に支配されてはいない。そんな人は、チームワークを高める素養があるといえます。

逆に、チームワークを下げてしまう人はどんな人なのか。その代表が「声が大きい人」です。自分の考えや、やり方を正しいと主張して、相手に押しつけようとする人はワンマンプレイに陥り(おちい)がちです。チームの雰囲気も連携も悪くなり、チームとしての力を発揮できなくなります。いくら優秀でも、こういう人は管制の仕事には向いていないのです。

強固なチームづくりには、多様性こそが重要

ここまで独断と偏見を交えながら、管制官の向き、不向きについて説明しましたが、「向いていない部分」は、じつは皆、多かれ少なかれ持ち合わせている性質です。ネガティブな要素がない人間などいません。ネガティブなところは気にせず、本当の自分、自分の個性などをしっかり見せていくことは、チームワークを高めるうえで必須です。

「真面目、ノリが軽い」「細かいことにうるさい、大雑把」「熱血漢、クール」「いつも一生懸命、ふだんは手抜きに見えるけど、いざというときに頼りになる」……など、人間にはさまざまなタイプがいますが、このような個性が混ざり合うことで、誰かが誰かを補うことができる、本当の意味で強固なチームがつくられるのではないかと思います。

多様性というと抽象的かもしれませんが、価値観の異なる相手を尊重し、仲間として信頼し合えるマインドがあるかどうか、なのです。そんな気持ちが備わっている人が多いチームほど、本当に困難なときに力を発揮して苦難を乗り越えられるのです。裏づける理論や証拠が紹介できないのがもどかしいですが、これは確固たるものだと断言できます。

7章

最新テクノロジーと航空管制の未来

業務が複雑化するなか、安全と効率をどう確保する？

これからの管制について、私は懸念（けねん）していることが1つあります。それは「外を見ることが少なくなった」ということ。飛行場管制室のガラス窓の向こうを見る時間が少なくなり、代わりに管制システムや情報装置を見る時間が増えたということです。それは、管制の仕事が以前に比べて複雑になっているということを意味しています。

日本の空を飛ぶ飛行機（管制機数）は、新型コロナ禍前のもっとも多かった時期とその10年前を比較すると、約1・4倍に増えています。ところが同年の比較で、管制官の数は横ばい、運航情報官と管制技術官を含む航空管制官等定員数は約0・88倍と減少傾向です。このような状況で、安全と効率を確保し続けるにはどうしたらよいのでしょうか。

管制官の人数を増やして負荷を減らす、それがストレートな答えとなりそうです。たしかに休憩時間や休暇を増やして、より高度な処理ができるように集中力を高めることは一定程度できると思います。

しかし、ここが管制業務の特殊性でもあるのですが、人を増やして空港のエリア分割、レーダー管制や航空路管制の空域分割を細かくし、それぞれに担当する管制官を置くことは、それだけ管制官同士の調整も増えることになり、やりやすくなるどころか、逆にやりづらくなる可能性が高いのです。管轄の細分化は、管制官1人あたりの業務負荷を下げるために行なうべきではなく、交通量や交通流に最適化して行なわれるべきものです。

現実的には、今あるインフラをうまく利用しながら、運用の仕方＝ソフトウェアの工夫で効率を高めることを考えざるを得ません。

それには、システムによる予測の精度を高めることが必要になります。人間の予測を上回る精度でシステムが数分先、数時間先を可視化できれば、いろいろな場面を想定してどんなことがあっても問題ないように準備する必要もありません。

そうなれば、航空機の数をさらに増やしても、チームメンバー全員の統率もとりやすくなります。実際に現在、それが「世界が目指す管制」の流れとなっています。

予測の精度を上げるためには、より多くの情報をインプットする必要があります。個々の飛行機の運航情報、空港の混雑状況、乗客の搭乗を含む出発準備状況、気象情報など、管制システムに集約すべき情報は増えていきます。飛行機の運航情報、空港の混雑状況などを取り入れるなら、そのときどきで管制官が入力する項目も増えるでしょう。高度な管制システムを得る代わりに、滑走路脇で旗を振っていた頃とは比較にならないほど、管制官の仕事はより複雑化し、それを維持するための負担は大きくなっていくように思えます。もちろん、高精度の予測は、さまざまなアラート発出（はっしゅつ）により、管制官を支援する機能にも反映されます。手間は増えるけれども、回り回って負荷を下げることにもつながっていく――技術の進化として、あるべき姿であることは間違いありません。それでも、管制官は、空港では外を見て安全を見守ることを疎（おろそ）かにしてはいけないのだと思います。画面を見る時間はなるべくなら減らし、そして単純化して、目の前のことに集中するべきです。

しかし、システムによる管制の高度化は避けられません。どうしても情報を処理するほうに比重が大きくなっていきます。そのせいで、いちばん大切な「外を見る」時間が少なくなってしまっている。それが今、管制の現場が抱えている葛藤（かっとう）ではないかと想像します。

AIが管制官の判断を代替する日は近い？

管制官の業務は複雑化しています。手元には便名や経路など情報を集約した運航票、その隣にはレーダー画面、その上には気象情報、どこを見ても装置が並んでいます。もちろん、外を見れば何機もの飛行機……そのなかで情報収集を行なわなければなりません。

無線の性質上、飛行機に対しては、1機に1度ずつしか指示できません。複数の飛行機が同時に移動（または飛行）しているのに、そのなかの1機を選んで指示することしかできないのです。これを「アナログすぎる」と評する世間の論調も増えたように思います。

今の世の中、管制官という職務も例外なくデジタル技術の活用が要請されているところであり、その先にしか、社会が目指している未来のかたちに辿り着けないのだろうと思います。DX（デジタルトランスフォーメーション）、あるいはAI（人工知能）の導入への、まさに過渡期にあるといえるのかもしれません。

すでに本書でも何度か触れたように、現在も航空管制の現場では、レーダー、TCAS、ADS-B、マルチラテレーション、それらの情報にもとづく警戒判定システムなど、最先端のテクノロジーが活躍しています。しかし、AIが管制官の判断を代替する世界はまだ先になりそうです。

たとえば、レーダーによる進入管制では、複数の飛行機に優先順位をつけなければならない局面に遭遇することがあります。上空で待機するなどの飛行機から着陸させるか。原則では、もっとも近い飛行機に優先権があります。システムは、レーダーで測定した距離から、最優先すべき飛行機を教えてくれ、管制官に推奨(すいしょう)する順位づけまで提示してくれます。

しかし、安全と効率を考えたとき、ただ距離が近い機を最優先すればよいのかというと、かならずしもそうではありません。

ターミナルレーダー管制では、空港の近くに来た飛行機を効率よく滑走路に誘導するために、上空で適切な間隔を保ちながら一列に並べます。このとき、「S字」や「J字」のような流れをつくるのですが、システムはこの〝流れ〟をつくるための指示の回数や、上空の風向きにより方向を変えると、減速または増速することまでは対応できていません。

「今、もっとも近くにいる機を優先する」という原則は大切です。しかし、それを完全に守ろうとすると、どうしてもいびつなかたちになってしまいます。今のシステムの答えは、あくまで計算上で出した数値に対する優先順位です。まだそこまでの〝管制の技術〟を体現したものにはなっていない、というのが現状です。

空の混雑緩和の切り札「4次元の管制」とは

前項で述べた誘導のことを「レーダー誘導」と呼びます。じつは現在すでに、レーダー誘導を行なわない次のフェーズに入っています。それが「4次元の管制」です。

複数の機が同時に近づいて来るから、どれを先に降ろすかという〝自由度〟が生まれてしまうわけで、理想は、管制官がわざわざ指示しなくても、初めから適正な間隔で1列に並んでいる状態。そのままの流れで着陸に誘導することができる状態です。

つまり、管制官が指示をしないと一定の間隔がとれないような状態にしてしまうことは、その時点でもう「航空路管制の失敗」ともいえるわけです。

では、どうすればよいのか。そこで考えられるのは、各機が着陸する空港付近で自動的に適正な間隔で1列に並んでいる状態になるように、「もっと手前から、時間をさかのぼって時間管理すればいい」という考え方です。

駐機場から滑走路までの移動時間、離陸に要する時間、巡航中の各ポイントを通過する時刻、これをデジタルで詳細に計算し、その時刻に合わせてパイロットが速度調整をしていけば、到着時刻も正確に管理できるはずです。そのうえで、各機が一定の間隔で到着するように滑走路の使用タイミングを割りふっていけば、もはや管制官が手を加えなければならないほど混雑することはありません。

パイロットは、出発準備が整ったら決められた時刻に離陸して、決められた地点を決められた時刻に通過することに集中する。気がついたら、滑走路の手前でちゃんと適正な間隔で並んでいる。それが「4次元の管制」なのです。

これまでの〝3次元の管制〟は、平面×高さの3次元のなかで位置を把握し、管制官が速度を指示して間隔を調整したり、場合によってはショートカットさせたり、ルートを変更させたりすることで位置関係を調整していました。

「4次元の管制」が実現すれば、もう、人間が状況を見て、そのつど判断することもなくなるはずです。ショートカットもなければ追い越しもない、離陸したら着陸するまで、決められた時間に決められた地点を通過するということを守るだけ。そうすれば遅延も起きないし、早着もしない、完全管理された航空交通が実現するでしょう。

そのためには、調整しなければならないことがいくつかあります。もっとも大きな課題は各航空会社のスケジュールです。

現状のスケジュールは、そこまで緻密な時間管理に対応する精度になっていません。各航空会社が飛びたい時間はだいたい決まっているので、これを調整して飛ばしているだけです。だからどうしても、着陸時の滑走路で競争が起きてしまいます。

4次元の管制では、航空会社のリクエストを受けたうえで、すべてのデータをインプットして理想の順番、出発時刻を割り出し、分単位で割り当てていきます。その結果、19時に出発を希望している便を、あえて19時10分の出発に割りふることもあるかもしれません。それでも全体の効率は上がり、上空で待機して着陸の順番を待つこともなくなるはずです。

しかし、４次元の管制もまだ、道半ば(なか)です。空港間の数百キロメートルあるいは数千キロメートル先の予測精度を高めるというのは、並大抵のことではないようです。

完璧なテクノロジーによる管制の制御は可能？

では、将来的に航空管制の業務の多くの部分を、テクノロジーが代替することは可能なのでしょうか。たとえば、ＡＩの導入によって、より精度の高い予測にもとづく「４次元の管制」が可能になるのかというと、私はやはり簡単ではないと考えています。

航空は、自動車や鉄道とは異なります。気象条件も変化するし、飛行機の性能も機種や重量によってまちまちです。そのうえで、どれほどの精度で予測が可能なのかという問題に行き着きます。

テクノロジーの進化によって、時間にして、おそらく着陸20分前の時点で算出する着陸時刻を、誤差3分程度の精度にすることは可能だろうと思いますが、その3分は航空管制における誤差としては大きすぎます。3分もあれば2機の離着陸が可能です。つまり、3分の誤差で、滑走路の使用順位が入れ替わることが十分にあり得るわけです。

しかも、この「着陸20分前時点での誤差3分」という数字は、人間が予測する精度とくらべて同等か、低い数字だと思っています。AIに任せるなら、これを超えなければ意味がありません。意味がないというか、使いものになりません。計算機が人の暗算よりも遅いなら誰も使わないようなものです。

また、AIが、その原理からして過去の人間の仕事から学んでいるのなら、結局は人間の精度を超えるのは難しいのではないかというのが私の見解です。

クルマでたとえるなら、航空管制はF1の世界です。クルマの自動運転技術にしても、現在は路線バスや高速道路に限定した導入を検討中で、一般乗用車で入り組んだ一般道における実用化はもう少し先という段階です。さらに、将来的にF1で走るようなレーシングカーの自動運転は可能かというと、おそらく不可能ではないでしょうか。レースで求められる運転技術の精度が違いすぎるからです。

何より難しいのが、未知の事象が起きたときの判断です。私はAIが「ハドソン川の奇跡」（USエアウェイズ機が離陸直後にバードストライクに遭遇し、2基のエンジンが停止したが、川に着水して墜落衝突を回避した事故）並みの対応を導けるとは思えないのです。

これが、管制のスキルをどこまでテクノロジーがサポートできるか、という問いへの答えです。パイロットも管制もすべてがAIで統制されるようになるまでは、人の時代が続くのではないでしょうか。

管制業務を支援するシステムの現状と課題

完全な自動化は無理でも、別のかたちで管制業務を支援するシステムはどうでしょうか。たとえば、音声認識機能です。管制官とパイロットの交信を、AIによってリアルタイムでテキスト化してサポートするシステムは、すでに導入されつつあります。

管制官にとって、英語は大きな課題の1つです。とくにリスニング力が重要になります。こちらの指示に対するパイロットの復唱も確認しなければならないし、もしも指示に対してパイロットが何か返してきた場合、これを正しく理解する必要があります。

また、万一の緊急事態が発生した場合、いったい何が起こっていて、機体や機内がどのような状況になっているのか、パイロットの交信からしか知ることができません。音声だけを頼りに、状況認識しなければならないわけです。

そんなとき、音声認識技術を使って、交信をリアルタイムで、文字で表示することができれば、たとえ交信が聞き取れなくても、コミュニケーションのサポートになるかもしれません。このような支援システムが現在、研究開発されています。

しかし、これについても、完全に実用化するのは難しいだろうというのが私の考えです。理由の1つは技術的な問題です。経験からいうと、パイロットの話す英語は強いクセがあります。人によっても、国籍によっても違います。

また、コクピット内は意外と雑音が多く、ほかの人の声を拾ってしまう可能性もあります。機長と無線で交信しながら、途中で隣の副操縦士がしゃべっている声が入ってきてしまうこともあるでしょう。どうしても音声認識の精度が落ちてしまいます。

そうなるとどうなるか。パイロットには、音声認識されやすい言葉で話さなければ、という変なバイアスがかかってしまいます。音声認識に適した声量、スピードで話そうという意識が働くはずです。それは、かえって逆効果だと私は思います。パイロットにはなるべく管制のことなど気にせず、運航に集中してほしいのです。

実際、交信していると、疲れた声でしゃべるパイロットもいます。でも、疲れたときは疲れた声でいいのです。不安なら不安な声でいいのです。わざわざ明瞭（めいりょう）な声でしゃべる必要はないのです。なぜなら、管制官にとっては声も1つの重要な情報だからです。

さらには、自分が考えていることと違う言葉を発してしまったときに、視覚情報としても入ってくることで確認が減る（疑問を持たなくなる）傾向になるとも思います。

そして、最大の課題は、万一のときの責任を誰がとるのか、ということです。文字が示した情報を信じて指示を出したら、実際は想定したものとまったく異なる結果になってしまったというとき、責任の所在はいったいどうなるのでしょうか。

「支援システムはあくまで支援であって、責任は引き受けません」ということなら、管制官は自分の耳を信じて、もし聞き取れなければ、字幕に頼らず、パイロットに確認をとる従来通りの方法を選ぶでしょう。

「リモート管制」は理想のシステムになり得るか？

実際に、すでに一部で実用化されている技術に「リモートタワー」と呼ばれる管制システムがあります。

通常の飛行場管制は、飛行機を肉眼で捉えながら指示を出しますが、このシステムでは、カメラが捉えた空港や飛行機の映像を目の前の大型モニターに映しながら、遠隔で指示を出します。一見すると、シミュレーターのようなシステムです。

このシステムのメリットは、僻地にあるような地方空港でも、遠隔で管制業務が提供可能なこと。そしてさらに大きなメリットは、画面上の実際の映像にリンクして文字情報を表示してくれることで、情報を画面内だけに集約できることです。

いわば、AR（拡張現実）画面のような感覚で、手元の情報に視点を動かす必要がありません。実際の飛行機（の映像）から目を離さずに、便名、行き先、離陸予定時刻など、必要な情報をすべて確認することができます。さらには、滑走路上に鳥の死骸など障害物があればセンサーが感知し、見ている画面上に警告を出すこともできます。こうした点は、肉眼よりも優れていると思います。

ただし、弱点もあります。カメラの位置が固定されているので、視野に制限が生じることです。覗きこんで見たところでディスプレイは変わらぬまま。管制塔であれば、窓のすぐ手前まで歩き、上を見上げたり、自分の立ち位置を少し移動して、角度を変えて見たりすることで、真上を飛ぶヘリコプターなどを視認できるのですが、それができない不自由さは否(いな)めません。滑走路が1本しかない小さな空港では問題ありませんが、大空港での運用はもう少し先になりそうです。

イギリス、スウェーデンなどではすでに導入済みです。日本でも将来的に交通量が比較的少ない空港は、リモートタワー空港に分類して導入する検討方針が発表されています。

運航の安全を保つ「滑走路衝突回避システム」とは

リモートタワーは、私が考える理想の管制に近いものがあります。ただし、まだ足りないものがあるとすれば、それは「半(なか)ば強制的にゴーアラウンドする仕組み」です。

滑走路上に異物がある、別の飛行機が進入している、このまま降りたら危ないという状況になったら、管制官が着陸を許可していたとしても、自動的に着陸を取りやめて上昇させられてしまう、それが「滑走路衝突回避システム」です。

技術的には、十分に可能でしょう。滑走路脇などにセンサーを設置し、着陸直前で異物を感知したら、直接飛行機に信号を送ります。信号を受け取った飛行機は、管制官の指示なしで自動的にゴーアラウンドしなければならないルールとします。

この仕組みは、すでにＴＣＡＳ（138ページ参照）で実現しています。ＴＣＡＳは飛行機同士が接近したら、自動的に双方の飛行機に警告と指示を出します。一方は上昇、一方は下降。この指示は、管制の指示よりも優先されます。パイロットはＴＣＡＳの指示を最優先して、上昇・下降をしなければいけないルールになっているのです。滑走路衝突回避システムは、この仕組みの地上版といえます。

２０２４（令和６）年1月2日の羽田空港航空機衝突事故では、到着機（日本航空）のパイロットも、管制官も、滑走路上にいる海上保安庁機に気がつくことができませんでした。では、進入した海保機を責めるべきかというと、私はそうは思いません。間違いは当然あるものとして想定しておかなければならないのです。

ポイントは、海保機が進入してしまったあとに、本来なら気づけたであろう2者（パイロットと管制官）が気づけなかったことです。しかし、ここにもやはり限界があると思います。時間は夜、しかも相手は小型機です。ここまで読んでいただいた皆さんはすでにおわかりのように、管制官がリアルタイムで処理すべき情報は膨大（ぼうだい）です。羽田で起きた事故を防ぐならば、管制官の許可を上回る権限でパイロットがゴーアラウンドするしかない、というのが私の見解です。

羽田での事故に限らず、飛行機と飛行機、飛行機と車両など、空港の交通量や運航者もさまざまな状況で、重大インシデントや滑走路への誤進入は過去に何度も起きています。

「滑走路衝突回避システム」は、まだ技術的にクリアしなければいけないことが多く、実現に至っていません。実現するためには、たとえば、滑走路脇に高精度なＦＯＤ（Foreign Object Debris）レーダーの設置が必要です。もしくはＡＤＳ‐Ｂの機能を高度化し、管制システム、コクピットの装置とリンクさせることも考えられます。

これが実用化に至れば、滑走路上の異物を感知して、ディシジョンアルティチュード（パイロットが最終的に着陸を継続するかどうか判断する決心高度）の段階で、パイロットに知らせることができます。出発機についても同様に、ほかの機が滑走路を使用中に離陸滑走を開始した時点で、滑走路衝突防止システムから離陸中断の指示が送られます。実現すれば、最強の管制システムとなるでしょう。

レーダーは前述した「４次元の管制」、空港は「リモートタワー」、さらにこの「滑走路衝突回避システム」の仕組みが導入されたら、そのときこそ、私が考える理想の管制システムに限りなく近いものが実現したといえるでしょう。

	用語意味の補足
	Yesと同じ意味だが、無線で聞き取りやすいようにAffirmが使われる。Confirm（後述参照）で確認している内容が正しい場合には、Affirmと返答することが多い。
	パイロットの要求（引き返したい、積乱雲を避けたいなど）通りに対応することを返答する用語。
	パイロットから呼びこまれたとき、管制官がその機ではなく他機と交信したいときにBreak Breakと宣言する。例）「○○便、こちら管制塔、お待ち下さいBreak Break △△便、こちら管制塔、右に曲がってください」
	例）Cancel takeoff clearance.「離陸許可を取り消します」
	例）Cleared for takeoff.「離陸を許可します」
	相手が言っていることがわからない、聞き取れなかったので確認したいときに使う言葉。Confirmを前置きしてから、確認したい内容を次に続ける。例）Confirm next frequency.「確認のため（わからなくなったので）次の周波数を言ってください」
	「コンタクト」は周波数を設定して次の管制官との通信を開始すること。Contact、管制席の名前、周波数の語順で使用。例）Contact tower 118.1
	Confirmで聞かれた内容が正しい場合に、この用語で返す。例）Confirm 118.1? → （118.1が正しければ）Correct と返事をする。
	航空無線では交信中に言葉がつかえたり、言い間違えてすぐに訂正するようなとき、Correctionと宣言してから言い直すルールになっている。
	送信した内容を取り消したい、無視してほしいときに使う用語。もっとも多い状況としては、指示を出そうと思って当該機に呼びかけたとき、やっぱり何も言わなくてよいと思ったときに「○○便、こちら管制塔…disregard.（やっぱり何でもないです）」などと使う。
	この質問には通常、感明度（感度・明瞭度の略）を5段階で返答する。例）reading you 5.（もっともよく聞こえるときが5段階中の5）
	I say again ○○（←この送信の前に発出したこと）の語順で使い、直訳すると「もう一度いいます、○○です」となる。基本的に指示や情報というものは二度三度くり返さない前提のため、「今から言うことは先ほどと同じ意味である」というこの用語を前置きすることで誤解を防いでいる。
	Contact（周波数を移管する用語）と類似の状況で使用する。コンタクトは周波数を設定して次の通信を開始することだが、Monitorは周波数だけ切り替えて聴取はするが、次の管制官には呼びこまないという意味。管制官とパイロット間で確実に通信が取れていることを事前に確認できないのはデメリットである一方、交信が混雑しているときに無駄な交信を省けるという点では効果的。

航空無線用語一覧

用語	和訳
AFFIRM	はい
APPROVED	(要求を)承認しました
BREAK BREAK	交信の対象機を切り替えます
CANCEL	(以前に送信した指示、許可を)取り消します
CLEARED	許可します
CONFIRM	(CONFIRMに続く文章を)確認してください/させてください
CONTACT	(CONTACTに続く周波数と)通信を確立してください
CORRECT	(相手からの確認に対して)それは、正しいです
CORRECTION	訂正
DISREGARD	(送信した内容を)取り消します
HOW DO YOU READ	私の送信の聞こえ具合はいかがでしょうか
I SAY AGAIN	明確化や強調のために先ほどと同じ送信内容を繰り返します
MONITOR	(MONITORに続く周波数を)聴取する

用語意味の補足
Noと同じ意味だが、無線で聞き取りやすいようにNegativeが使われる。管制官の指示に対するパイロットの復唱が間違っている場合は、Negativeと返答してから同じ内容の指示を伝えて訂正させる。
通信の先頭、または語尾に付けることで、送信内容を復唱させる。例)Read back hold short instruction.「滑走路手前待機の指示を復唱せよ」
例1)Report when ready.「(出発、離陸など)準備ができたら通報してください」/例2)Report clear of weather.「悪天を回避できたら通報してください」/例3)Report ○○.「○○(場所など)に到達したら通報してください」
例1)Request flight level 300.「飛行高度3万フィートを要求します」/例2)Request departure frequency.「出域管制席の周波数を要求します」/例3)Request return to gate.「ゲートへの引き返しを要求します」
Roger(了解)はよく使う言葉だが、「聞き取れました/理解しました」というだけなのか、「その指示通りに従う」ことも含めた返答なのか、聞いている側がわからない状況ではAffirmやWilcoで明確に返答することが推奨される。
完全に聞き取れなかったときに使用する。少しでも聞き取れたならConfirmが使われる。なお、聞き取れなかった部分が最後だけなら“Say again the last.”と言うほうが親切。
早口で聞き取れなかった場合には、Say againだと同じスピードで話されてしまうため、Speak slowerやSay again slowlyなどで返答する。
相手からの交信を止めてほしいときに使う言葉。Standbyを指示したなら、あとでかならず自分から話しかけるのがマナー。
例)Request flight level 300.「高度3万フィートを要求します」→Unable due to traffic.「交通状況の理由により、その要求には対応できません」
(管制官の指示に対して)「はい、その通り順守します」と回答する意味。WilcoはWill complyの略語で、読み方はウィルコ。

用語引用元:ICAO Annex 10 vol.2 Aeronautical Telecommunications

用語	和訳
NEGATIVE	いいえ
READ BACK	復唱してください
REPORT	通報してください
REQUEST	要求します
ROGER	了解
SAY AGAIN	もう一度言ってください
SPEAK SLOWER	ゆっくり言ってください
STANDBY	待ってください
UNABLE	(その要求、指示、許可などは)対応不可能です
WILCO	その指示に従います

◉参考文献

『新しい航空管制の科学』園山耕司（講談社）
『クローズアップ！航空管制官』村山哲也（イカロス出版）
『飛行機はなぜ、空中衝突しないのか？』秋本俊二（河出書房新社）
『航空保安業務処理規程　第5管制業務処理規程』国土交通省航空局
国土交通省ホームページ

航空管制
知られざる最前線

2024年5月30日　初版発行
2024年7月30日　2刷発行

著者◉タワーマン

企画・編集◉株式会社夢の設計社
〒162-0041　東京都新宿区早稲田鶴巻町543
電話（03）3267-7851（編集）

発行者◉小野寺優

発行所◉株式会社河出書房新社
〒162-8544　東京都新宿区東五軒町2-13
電話（03）3404-1201（営業）
https://www.kawade.co.jp/

DTP◉アルファヴィル

印刷・製本◉中央精版印刷株式会社

Printed in Japan　ISBN978-4-309-50452-0